超狂圖解
孫子兵法

一頁式簡報 × 72張全局思考分析圖

不知文化・巨人的口袋｜萬物皆模型系列創作者
不知先生
編著

野人家 244

超狂圖解
孫子兵法
一頁式簡報×72張全局思考分析圖

作　　者	不知先生

野人文化股份有限公司

社　　長	張瑩瑩
總 編 輯	蔡麗真
責任編輯	陳瑾璇
助理編輯	蘇鈺潔
專業校對	林昌榮、魏秋綢
行銷經理	林麗紅
行銷企畫	李映柔
封面設計	倪旻鋒
美術設計	洪素貞

出　　版	野人文化股份有限公司
發　　行	遠足文化事業股份有限公司 (讀書共和國出版集團) 地址：231 新北市新店區民權路 108-2 號 9 樓 電話：（02）2218-1417　傳真：（02）8667-1065 電子信箱：service@bookrep.com.tw 網址：www.bookrep.com.tw 郵撥帳號：19504465 遠足文化事業股份有限公司 客服專線：0800-221-029
法律顧問	華洋法律事務所　蘇文生律師
印　　製	博客斯彩藝有限公司
初版首刷	2025 年 6 月

有著作權　侵害必究

特別聲明：有關本書中的言論內容，不代表本公司／出版集團之立場與意見，文責由作者自行承擔
歡迎團體訂購，另有優惠，請洽業務部（02）22181417 分機 1124

國家圖書館出版品預行編目（CIP）資料

孫子兵法【超狂圖解】：一頁式簡報 X 全局思考分析圖 / 不知先生作 . -- 初版 . -- 新北市 : 野人文化股份有限公司 , 2025.06
　面；　公分 . -- (野人家 ; 244)
ISBN 978-626-7716-52-6(平裝)
ISBN 978-626-7716-53-3(EPUB)
ISBN 978-626-7716-54-0(PDF)

1.CST: 孫子兵法 2.CST: 注釋

592.092　　　　　　　　　　114007193

中文繁体版透過成都天鳶文化傳播有限公司代理，經天津凤凰空間文化传媒有限公司授予野人文化股份有限公司獨家發行，非經書面同意，不得以任何形式，任意重製轉載。

孫子兵法【超狂圖解】

野人文化
官方網頁

野人文化
讀者回函

線上讀者回函專用 QR CODE，你的寶貴意見，將是我們進步的最大動力。

目錄 CONTENTS

前言 — 001

一・始計 — 002
- 01. 戰爭是國之大事 — 002
- 02.「五事」與「七計」 — 004
- 03. 隨機應變 — 006
- 04. 未戰而廟算 — 008

二・作戰 — 010
- 05. 用兵之害 — 010
- 06. 善用兵者 — 012
- 07. 因糧於敵 — 014
- 08. 速戰速決 — 016

三・謀攻 — 018
- 09. 不戰制敵 — 018
- 10. 上兵伐謀 — 020
- 11. 用兵之法 — 022
- 12. 亂軍引勝 — 024
- 13. 預知勝道 — 026
- 14. 知彼知己 — 028

四・軍形 — 030
- 15. 先為不可勝 — 030
- 16. 勝可知,而不可為 — 032
- 17. 實力定勝負 — 034
- 18. 積少成多 — 036
- 19. 蓄勢待發 — 038

五・兵勢 — 040
- 20. 眾寡之分配組合 — 040
- 21. 出奇制勝 — 042
- 22. 勢險節短 — 044
- 23. 對立轉化 — 046
- 24. 以假亂真 — 048
- 25. 如轉木石 — 050

六・虛實 — 052
- 26. 致人而不致於人 — 052
- 27. 乘虛而入 — 054
- 28. 無形無聲 — 056
- 29. 衝其虛也 — 058
- 30. 形人而我無形 — 060
- 31. 眾寡之用 — 062
- 32. 知天知地 — 064
- 33. 勝可為也 — 066
- 34. 形兵之極 — 068
- 35. 因敵制勝 — 070
- 36. 虛實無常 — 072

七・軍爭 — 074
- 37. 以迂為直 — 074
- 38. 以患為利 — 076
- 39. 迂直之計 — 078
- 40. 關鍵溝通 — 080
- 41. 治兵四要 — 082
- 42. 禁忌八條 — 084

八・九變　086

- 43. 變化無窮　086
- 44. 隨機應變　088
- 45. 兼顧利害　090
- 46. 五種性格缺陷　092

九・行軍　094

- 47. 行軍宿營　094
- 48. 處軍之宜　096
- 49. 處軍之忌　098
- 50. 相敵十七　100
- 51. 相敵心理　102
- 52. 軟硬兼施　104

十・地形　106

- 53. 地有六形　106
- 54. 兵有六敗　108
- 55. 上將之道　110
- 56. 訓練有素　112
- 57. 因天地人制宜　114

十一・九地　116

- 58. 九地之名　116
- 59. 待敵之機　118
- 60. 絕地逢生　120
- 61. 首尾俱至　122

- 62. 用兵訣竅　124
- 63. 御兵之術　126
- 64. 霸王之兵　128
- 65. 置之死地　130
- 66. 為兵之事　132

十二・火攻　134

- 67. 五火之名　134
- 68. 火攻五用　136
- 69. 心火之火　138

十三・用間　140

- 70. 理性用間　140
- 71. 五間之用　142
- 72. 用兵之要　144

附錄：軍事小百科　146

- 中國古代謀士　146
- 古代作戰陣法　148
- 戰爭兵器圖鑑　151
- 古代典型甲冑　155

前言

　　《孫子兵法》作者為中國春秋時期軍事家孫武，是現存最早的兵書，堪稱經典之作，深刻揭示了戰爭的本質，體現古代中國的軍事智慧。

　　本書以《十一家注孫子》為底本，並參考郭化若《孫子兵法譯注》、李零《兵以詐立——我讀〈孫子〉》等書。全書將《孫子兵法》十三篇戰爭理論整理為全局思考分析圖，幫助讀者更直觀地掌握孫武的核心思想。這些模型圖不只是學術或軍事研究工具，更是一套實用的思考架構，將兵法的深奧戰略轉化為清晰易懂的圖像與邏輯。

　　每張圖表都對應一篇戰略思想，濃縮並詮釋孫武的原文，同時也是一套思辨和引導的工具，讓讀者能更輕鬆理解其中智慧，並應用在日常生活與決策中。

　　在這個快節奏、高競爭的社會裡，《孫子兵法》不僅能提升我們的思維靈活度、戰略洞察力與問題解決能力，更能修練我們的智慧。書中如「知己知彼，百戰不殆」、「出其不意，攻其不備」等名句，不只適用於軍事決策，也能應用在職場與人生各種情境中，幫助我們獲得更出色的成就、更機智地解決生活中的難題。

　　如今，隨著全球局勢不斷變化，重新思考《孫子兵法》的意義顯得格外重要。這部經典之所以歷久不衰，在於它超越時代限制，提供了應對如今複雜世界格局的深層智慧。

　　我在閱讀和理解《孫子兵法》的過程中，也在生活中發現其蘊含的深邃哲理，並轉化為全局思考分析圖，希望能夠為讀者提供更簡單、易懂的學習方式，理解《孫子兵法》的博大精深，也讓古代兵法能在當代煥發出新的光芒。

　　總而言之，本書透過全局思考分析圖開啟理解《孫子兵法》的大門，我想帶領讀者讀懂兵書，並將其中的生存智慧應用於現代社會，從容、睿智地面對人生每一場戰役。

01 戰爭是國之大事

一・始計

曹操曰：「計者，選將、量敵、度地、料卒、遠近、險易，計於廟堂也。」

原文

孫子曰：兵者，國之大事，死生之地，存亡之道，不可不察也。

譯文

孫子說：戰爭是國家的大事，關乎軍民的生死與國家存亡。因此，一定要審慎評估戰前的形勢，詳盡地比對分析，並且高度重視。

啟示

「戰爭是『面對面的殺戮』。」這句話出自英國當代歷史學家喬安娜・柏爾克（Joanna Bourke）的《面對面的殺戮》（An Intimate History of Killing，書名暫譯，無繁體中文版）一書。普魯士軍事理論家克勞塞維茨（Carl von Clausewitz）則在《戰爭論》中指出：「戰爭是政治的延續，並且以政治為前提。」孫武也在《孫子兵法》中闡述了戰爭的本質──即戰場上的生死，影響並決定了國家政治體系能否存續。所謂「兵者」，指的是兵家事，也就是戰爭，是國家大事。

《左傳・成公十三年》中，劉子曰：「國之大事，在祀與戎，祀有執膰，戎有受脤，神之大節也。今成子惰，棄其命矣，其不反乎？」劉子是周頃王的兒子，也是春秋時期劉國的開國君主劉康公。他認為，對國家而言最重要的兩件事，一是祭祀，二是兵戎（國與國之間的戰事）。祭祀有分祭肉之禮，兵戎則有受祭肉之禮，都是與神靈對話交流的重要儀式。祭祀象徵敬天、地、人，承襲血脈正統，並使師出有名；而戎則代表兵戎相見，屬於兵家之事，即戰爭。

國家一定要重視戰爭，應該全面地評估並比對敵我雙方的政治、經濟、軍事、天時、地利、將帥能力。《孫子兵法》在論述時，經常先指出危害與警示，再透過比喻與論證來闡述道理，這正是《孫子兵法》的特色之一。

總結：國家在開戰前應仔細計算、評估、對比，先權衡原因，後預測結果，謀定而後動。將視角轉向自身時，也是如此。

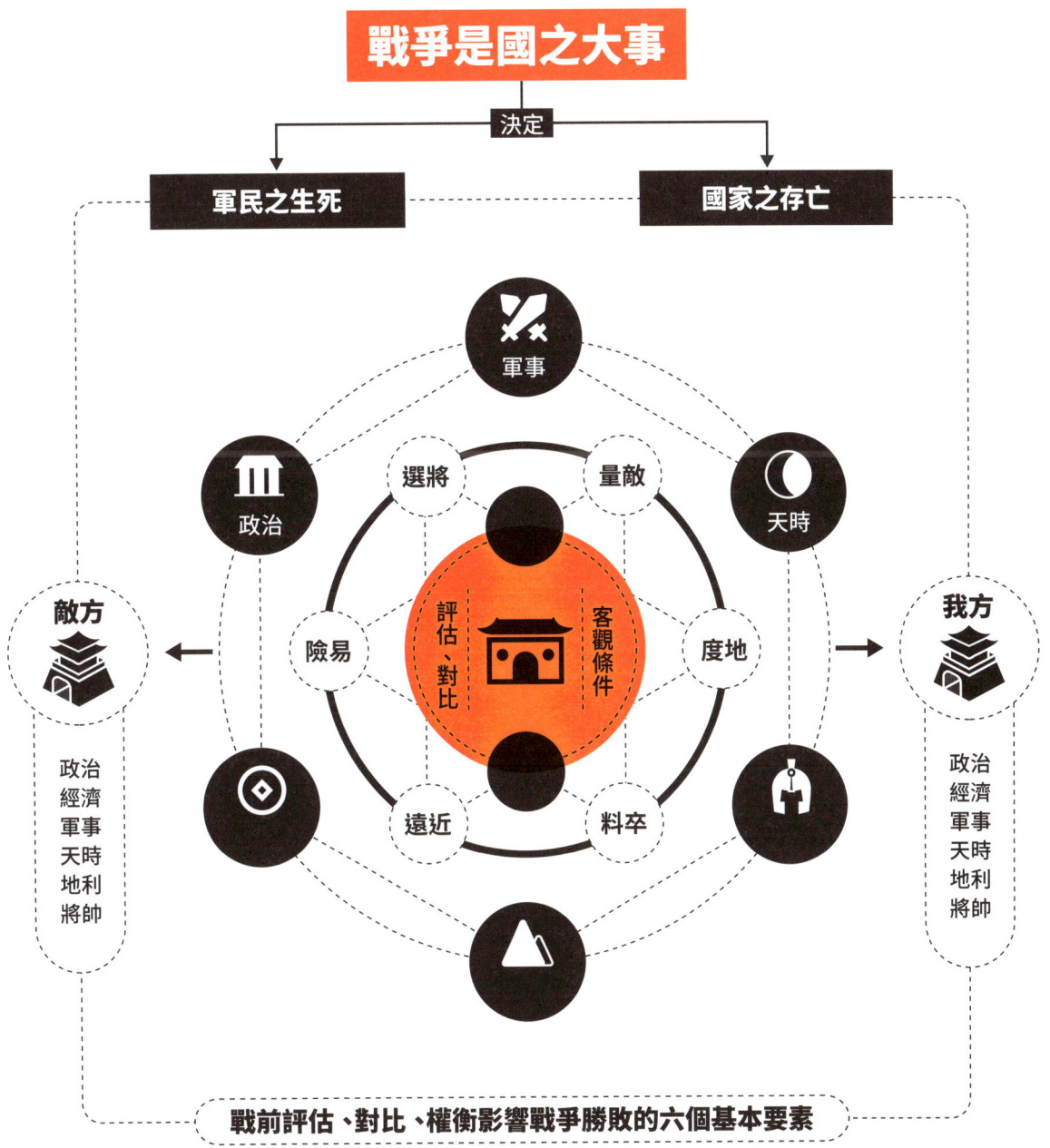

02 「五事」與「七計」

一、始計

曹操曰：「計者，選將、量敵、度地、料卒、遠近、險易，計於廟堂也。」

原文

故經之以五事，校之以計，而索其情：一曰道，二曰天，三曰地，四曰將，五曰法。道者，令民與上同意也，故可以與之死，可以與之生，而不畏危也。天者，陰陽、寒暑、時制也。地者，遠近、險易、廣狹、死生也。將者，智、信、仁、勇、嚴也。法者，曲制、官道、主用也。凡此五者，將莫不聞，知之者勝，不知者不勝。故校之以計，而索其情。曰：主孰有道？將孰有能？天地孰得？法令孰行？兵眾孰強？士卒孰練？賞罰孰明？吾以此知勝負矣。將聽吾計，用之必勝，留之；將不聽吾計，用之必敗，去之。

譯文

必須以「五事」為經，比較和計算雙方的優勢與劣勢，從而推導出戰爭勝負的機率。「五事」指的是決定戰爭勝敗的主要因素，分別為：政治、天時、地利、將帥和法制。首先，政治是指君主與百姓是否同心，君主是否心懷百姓，若百姓支持君主，便能為君主生死，不會心生他念。天時是指晝夜、寒暑等自然交替變化的情況。地利是指地理條件，包括路途遠近、地形險要或平坦、地勢廣闊或狹窄，以及生死攸關的戰略位置。將帥是指指揮官是否具備足夠的智謀才能，是否信守賞罰，對部下是否仁慈關愛，能否做到果斷勇敢，軍隊是否軍紀嚴明。法制是指軍隊的組織，是否權責分明，物質是否充足。這五個方面，將領一定要深刻理解，理解才能獲勝，否則必將失敗。透過全面考察戰爭雙方，來掌握更多的實際情況，再進行比較與分析，從而預測戰爭的勝負機率。將帥要研究並分析雙方君主的政治開明程度、將帥的指揮能力、哪一方占據天時地利、哪一方能貫徹執行法令、哪一方的武器裝備精良、兵卒訓練有素、賞罰公正嚴明，以此來推導勝負的機率。若將帥肯執行我的計策，則必然取勝，我就選擇留下；若將帥不肯執行我的計策，則必然失敗，那我就會選擇離開。

啟示

「校」通「較」，即比較，較量。「計」指的是下文所提及的「主孰有道」等「七計」。「索」意為探索；「情」則是指敵我雙方的軍情。唐朝的賈林曾說：「校量彼我之計謀，搜索兩軍之情實，則長短可知，勝負易見。」這與「校之以計，而索其情」的核心精神相同——指應該比較與分析敵我雙方的優勢與劣勢，從中探索戰爭勝負的情勢。

《孫子兵法》從戰爭的本質談起，指出戰爭是大事，關乎民之生死，國之存亡，必須慎重盤算。因此，在出兵前，君臣要齊聚一堂、共同謀畫。所謂「廟算」，「廟」指廟堂，是古代君臣議事之地。「廟算」就是大家各自拿一把小木棍，在地板上模擬戰局，透過擺放我方與敵方的小木棍數量，來比較雙方的優勢與劣勢，計算利弊得失，最終確定出兵之計。在生活、工作中，「五事」、「七計」可靈活運用於不同場景，幫助我們決策、判斷。

總結：五事七計，就是先分析、對比雙方優劣勢，再透過七計來推演（包括小範圍實踐）戰局，探索勝敗的機率。

「五事」與「七計」

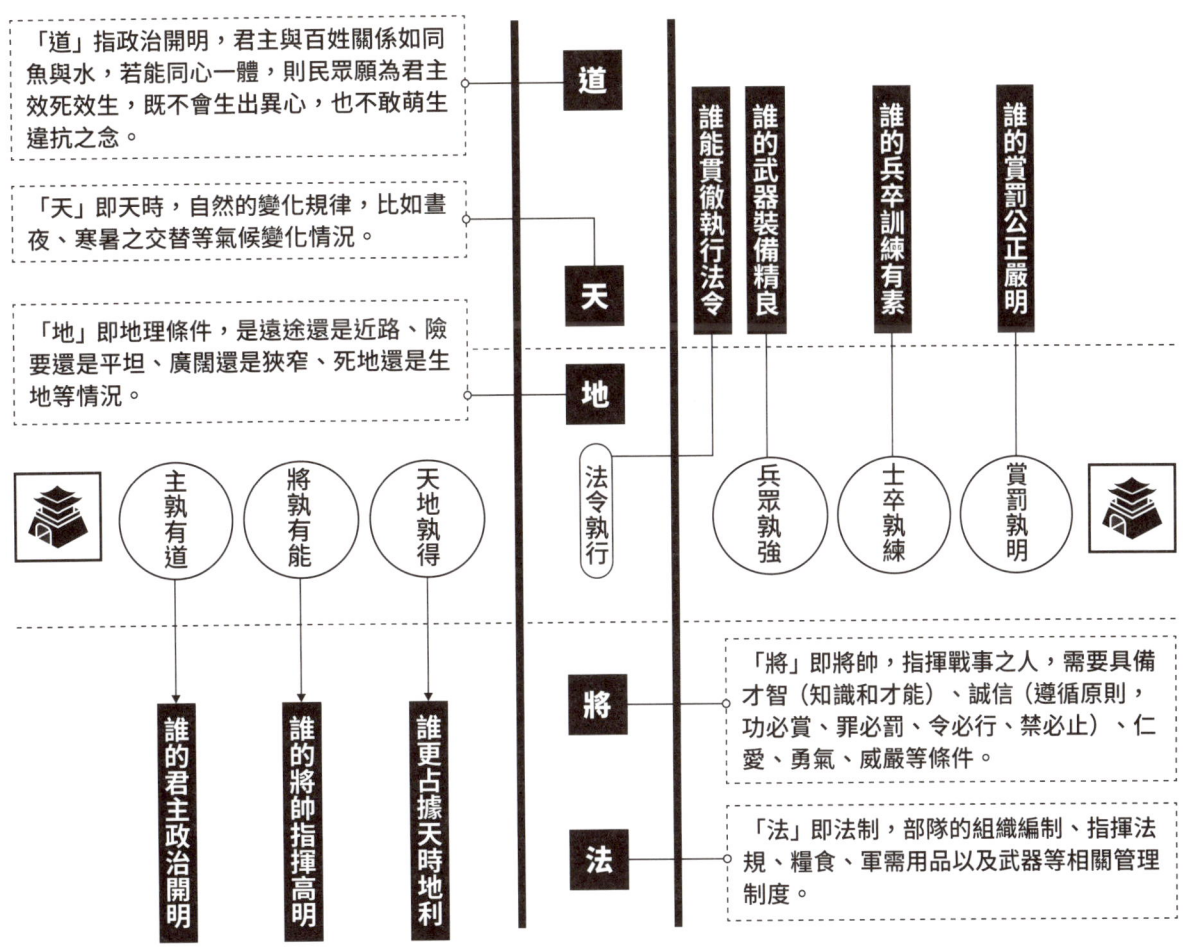

「道」指政治開明，君主與百姓關係如同魚與水，若能同心一體，則民眾願為君主效死效生，既不會生出異心，也不敢萌生違抗之念。

「天」即天時，自然的變化規律，比如晝夜、寒暑之交替等氣候變化情況。

「地」即地理條件，是遠途還是近路、險要還是平坦、廣闊還是狹窄、死地還是生地等情況。

「將」即將帥，指揮戰事之人，需要具備才智（知識和才能）、誠信（遵循原則，功必賞、罪必罰、令必行、禁必止）、仁愛、勇氣、威嚴等條件。

「法」即法制，部隊的組織編制、指揮法規、糧食、軍需用品以及武器等相關管理制度。

「校之以計，而索其情」──孫子由「五事」引申出「七計」，指出戰前必須對敵我雙方的基本情況進行全面評估與比較。透過分析「五事」、「七計」，衡量雙方的優勢與劣勢，並根據這些條件推導出勝敗的機率大小，以此作為決策的依據。

一・始計

03 隨機應變

曹操曰：「計者，選將、量敵、度地、料卒、遠近、險易，計於廟堂也。」

原文

計利以聽，乃為之勢，以佐其外。勢者，因利而制權也。兵者，詭道也。故能而示之不能，用而示之不用，近而示之遠，遠而示之近。利而誘之，亂而取之，實而備之，強而避之，怒而撓之，卑而驕之，佚而勞之，親而離之。攻其無備，出其不意。此兵家之勝，不可先傳也。

譯文

制定計畫並付諸執行的同時，還須創造出有利的局勢，以輔助對外作戰。掌握優勢後，應隨機應變、順勢而為。但具體該怎麼做呢？

用兵之道，在於詭詐。能戰時佯裝不能戰；準備開戰時佯裝無意開戰；想接近敵方時，佯裝遠離；想避開敵人時，則佯裝接近。

利用敵方貪圖利益的弱點，引誘對方；敵軍心智混亂時，趁機出擊；若敵方準備充足，我方則應謹慎防備；若敵方勢力強大，便不宜正面對決，而是以游擊方式逐步削弱對方；要想激怒對方，須不斷騷擾，使其更加憤怒；若對方沉穩冷靜、不驕不躁，則設法讓對方驕傲自滿，可透過示弱、卑詞厚禮使其輕敵，再趁其不備發動攻擊。若敵軍紀律嚴明、軍容整肅，則設法使其軍心渙散；若敵軍上下同心、君民和睦，則要設法離間，使其內部產生嫌隙。

攻擊敵人未有防備之處，出奇制勝，使其措手不及，正是兵家取勝的奧妙，根據局勢的變化，隨機應變、順勢而為。換句話說，凡是能夠學習的，終究只是紙上談兵，真正有效的計策，只能在實戰中體悟。而在戰場上最有效的計策，往往無法透過言傳，也難以照本宣科地學習。

啟示

無論在商業競爭、國際關係、個人發展，或是其他形式的策略規畫中，靈活變通和心理戰術都十分重要。面對競爭對手時，必須善加利用有利條件，同時透過各種手段隱藏自己的真實意圖和實力，以誤導對方，製造出其不意的攻勢。

這種策略思維要求我們在行動前必須深思熟慮地計畫，根據形勢的變化而靈活調整策略，並以最小的風險換取最大的利益。此外，孫武也提醒我們，在任何形式的競爭中，耐心等待最佳時機，利用對手的疏忽或弱點發動突襲，往往能夠獲得決定性的勝利。

現代社會裡，這種思維可以應用於創新、談判、危機管理等領域，其核心在於思維靈活和精準掌握時機。此外，文中多次使用對立的概念來闡述策略，體現了中國古代哲學中的辯證法原則，透過對立雙方的相互作用和轉化，以達到統一與平衡。這種思維方式在軍事策略中體現在利用敵人的弱點來制定戰略，從而達到出奇制勝的效果。

總結：定計是「形」，為靜態的確定性；用計則是「勢」，為動態的不確定性。定計重要，而用計更重要。

隨機應變

計利以聽（創造有利態勢的前提條件）

制定計畫，並分析利害條件 → 對內

國君及執行者意見一致 → 勢

對外

以佐其外（一致對外）

《管子‧七法》提到：「計必先定於內，然後兵出乎境。」對內而言，君臣之間必須齊心協力，共同制定戰略，意見統一，這樣才能形成強大的「勢」，在對外戰爭中發揮優勢。

「勢者，因利而制權也。」
「勢」指的是戰略態勢，是一種動態且無形的存在；而「權」則可理解為秤砣。當己方占據有利的態勢，即處於優勢地位時，應隨機應變，如同秤砣般，隨著所稱量物品的大小、輕重、數量等客觀條件的變化而進行調整，以確保平衡。放諸個人層面，我們亦應隨著環境變遷、自身條件、時間推移與所在位置的不同而靈活應對。

順勢而為

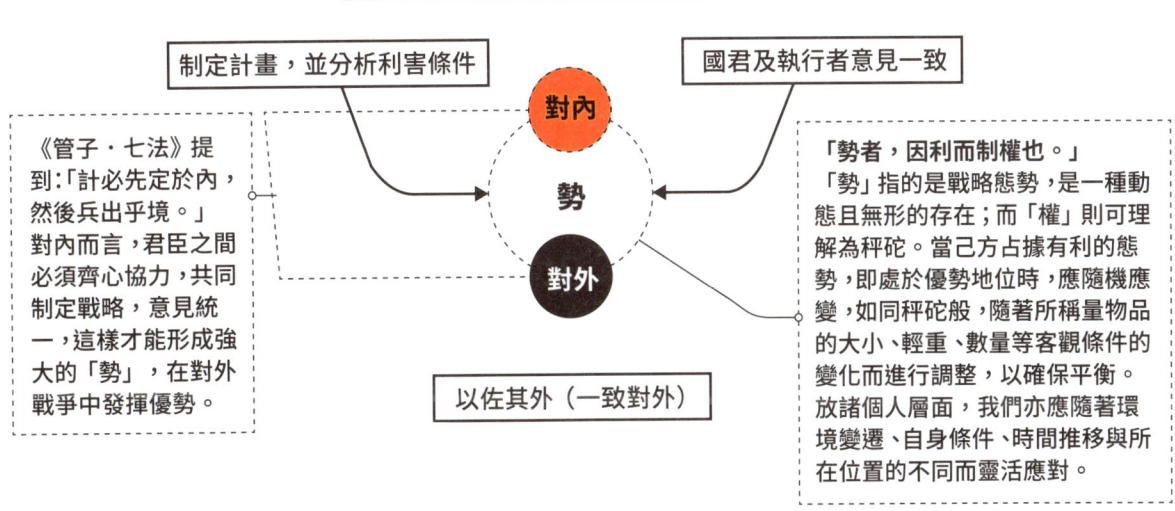

對方　能戰時，佯裝不能戰　　準備開戰時，佯裝無意開戰
我方　接近敵方時，佯裝遠離　　想避開敵人時，則佯裝接近

誘：敵利我誘／釋放利益／引誘對方
取：敵亂我取／擾亂對方／乘虛而取
備：敵實我備／對方充實／加強防備
避：敵強我避／對方強大／我當避開
撓：敵怒我撓／激怒對方／避而不戰
驕：敵卑我驕／對方卑辭示弱／使敵驕傲
勞：敵佚我勞／對方不疲／使其疲勞
離：敵親我離／敵內和睦／挑撥離間

兵者，詭道也。

一 ‧ 始計

04 未戰而廟算

曹操曰：「計者，選將、量敵、度地、料卒、遠近、險易，計於廟堂也。」

原文

夫未戰而廟算勝者，得算多也；未戰而廟算不勝者，得算少也。多算勝，少算不勝，而況於無算乎！吾以此觀之，勝負見矣。

譯文

開戰前推演並預測能夠獲得勝利，是因為已經充分具備獲勝的主客觀條件；而開戰前便預測無法取得勝利，則是因為事前的戰略分析與推演不夠充足。

相較之下，做足戰略分析與推演的一方能夠打勝仗，而未做足準備的一方則會吃敗仗，不做任何事前分析或推演的話，怎麼可能取勝呢？依據上述條件來分析戰爭雙方，我就能判斷出勝負。

啟示

廟算就是計，先計而後戰。古時用兵前會在祖廟舉行相關儀式，並討論戰略方針及作戰計畫。籌策深遠，便具備獲勝的可能；謀慮淺近，則難以取勝。孫子在這段話中以辯證的方法闡述了勝利的主客觀條件，並以客觀條件為主、主觀條件為輔作為開場。

客觀條件以「五事」、「七計」為主軸，延伸出主要的戰略思想及原則，透過分析客觀條件下的雙方優劣情況進行推演，進而做出客觀且符合真實情況的論證。再由主觀條件（將帥的能力）調節優勢與劣勢，即揚長避短，盡可能地將自身推向勝利的一方。

《孫子兵法》的智慧並不局限於戰爭之中，在日常生活或工作中，同樣能夠以「五事」、「七計」作為解決問題的方法。以個人生活與成長的角度為例，身而為人必須了解生存之道，要有「天時」與「地利」的觀念；必須懂得用人；必須遵守規定或建立規則；凡事要懂得隨機應變；溝通談判中必須誘、取、備、避、撓、驕、勞、離；必須尊重客觀事實。因此，《孫子兵法》不僅是軍事戰略的經典，更可以作為我們日常生活與個人成長的哲學指引。我們不一定要成為了不起的人物，但至少要做個明事理的人。正如王陽明所說，人生有三種「明白」：明白事、明白人、明白自己。要確實做到這三點絕不容易，但正因如此，更需要我們不斷努力。

總結：戰前必須做的準備工作包括分析客觀、主觀條件。計畫充分者勝，不充分者不勝，不做計畫者則必敗。

未戰而廟算

廟算：「先計而後戰」，比較敵我的主觀條件、客觀條件，預測、推演獲勝機率。

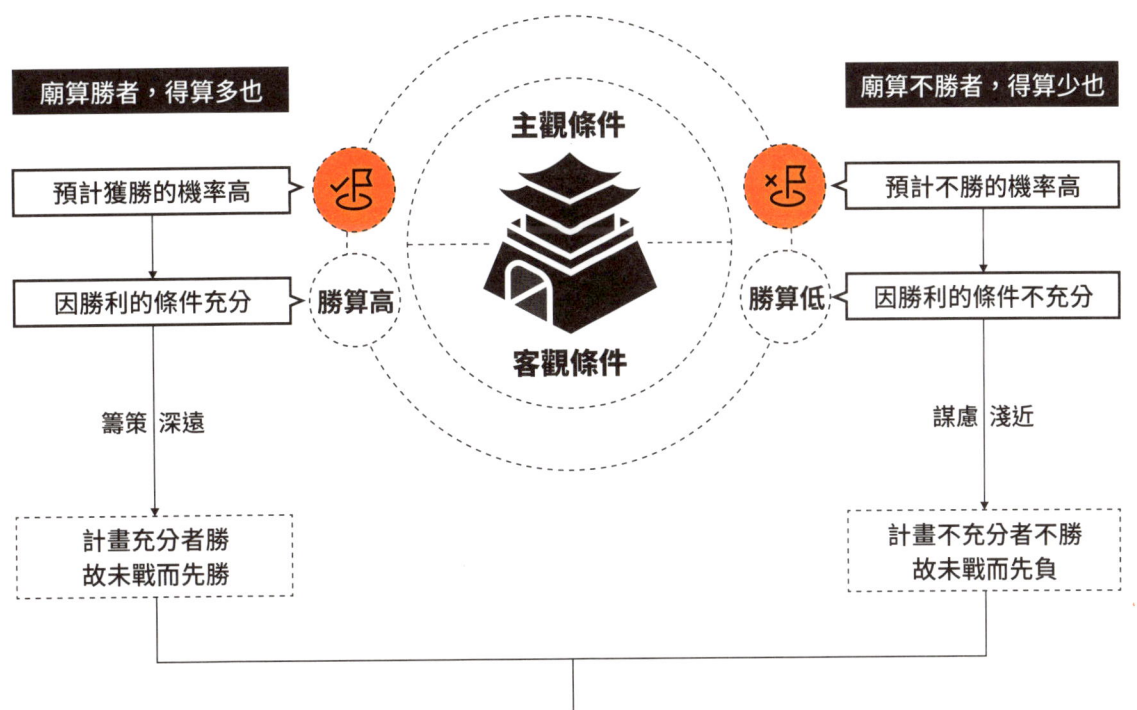

張預曰：「多計勝少計，其無計者，安得無敗？故曰：『勝兵先勝而後求戰，敗兵先戰而後求勝。有計無計，勝負易見。』」

「多算」即指考慮周全，「少算」則代表考慮淺薄。戰爭尚未開打，若事前謀畫不足，就已經輸在起跑線上，更何況毫無謀畫的人？

05 用兵之害

二·作戰

曹操曰：「欲戰必先算其費，務因糧於敵也。」

原文

孫子曰：凡用兵之法，馳車千駟，革車千乘，帶甲十萬，千里饋糧，則內外之費，賓客之用，膠漆之材，車甲之奉，日費千金，然後十萬之師舉矣。其用戰也勝，久則鈍兵挫銳，攻城則力屈，久暴師則國用不足。夫鈍兵挫銳，屈力殫貨，則諸侯乘其弊而起，雖有智者，不能善其後矣。故兵聞拙速，未睹巧之久也。夫兵久而國利者，未之有也。故不盡知用兵之害者，則不能盡知用兵之利也。

譯文

孫子說：凡是用兵作戰，必須做好充足的物資準備，包含：輕車千輛，重車千輛，兵卒十萬人，以及長途運載糧草。此外，還有前線與後方的各種費用支出，包括接待路途上的各國使節與謀士的費用，武器裝備維修所需的膠漆等材料費用，以及戰車與甲冑的保養費用。如此一來，每日開支可達千金，待一切準備妥當，十萬大軍方能出征。因此，用兵打仗須講求速戰速決，軍隊出征應迅速取勝，若戰事拖延不決，兵卒的鬥志與銳氣將逐漸消磨，導致軍力耗損殆盡。如此一來，軍隊的戰鬥力減弱，國家的財力也將逐漸枯竭，後勤供給難以為繼。這種情況下，其他諸侯國便會趁機舉兵進攻，使我方陷入更為不利的境地，即使是聰明睿智的統帥，也難以收拾這樣的敗局。

用兵之道，自古以來只聽說過計謀不足時須依賴神速取勝，卻未曾聽聞擁有計謀卻故意拖延戰爭時間。戰爭拖延日久而仍對國家有利的情況，從未有過。因此，若不能徹底理解戰爭帶來的種種害處，就無法真正掌握用兵的益處。

啟示

孫子在本文前一大段都在闡述用兵須做的準備，包括輕便戰車、重型戰車、甲兵、糧草及各類戰爭支出，並進一步分析戰爭導致的相關危害。這樣的論述過程是以客觀事實為依據去分析、論證，並推導出「用兵之害」的結果，從而提醒君王必須高度重視與警惕。

隨後，孫子沿用辯證的方式，先論證「速」的反面，即「久」可能帶來的危害因素，並以「拙速」、「巧久」來加以比較，使問題更加明確，最終推導出結論：用兵作戰並非想像中的簡單，若不清楚用兵的危害，就無法真正善用兵法。知其害，避其害，唯有充分理解戰爭帶來的風險與弊端，才能正確制定戰略，避開危害，這正是「計」的思維。

 總結：發動戰爭前必須詳細且客觀地說明用兵的痛點及相關因素，讓人們了解並重視這些問題，同時清楚地引導出解決方法。

用兵之害

用兵之法——用兵的成本，日費千金

馳車千駟
馳車即輕車
一輛車套四匹馬稱為駟

革車千乘
革車即重車
運載軍需物資的車

帶甲十萬
帶甲即士兵
十萬人的大軍

千里饋糧
路途千里運送糧食
費人力、物力

內外之費
前方、後方經費之消耗

賓客之用
招待國賓使節、策士的消耗

膠漆之材
製作、維修保養
武器裝備等物資之消耗

車甲之奉
車輛、盔甲的修補之消耗

輕車、重車、兵卒、糧草等各種費用，加總後相當可觀，唯有如此，才能支撐十萬大軍出征。

因消耗太大 **勝** 應速戰速決

久　　**速**　**久**

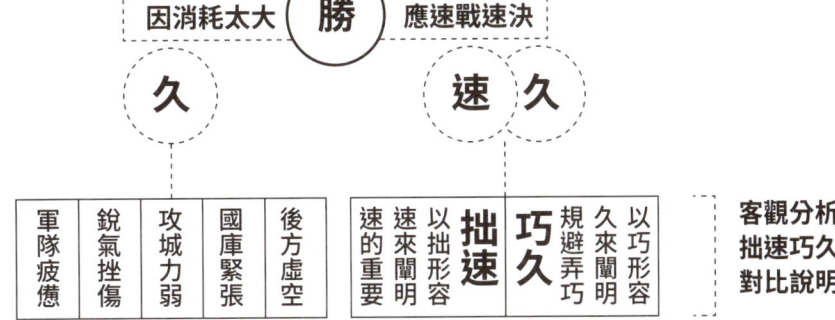

客觀分析
「速」的反面
「久」的危害

軍隊疲憊	銳氣挫傷	攻城力弱	國庫緊張	後方虛空

拙速	以拙形容	速來闡明	速的重要
巧久	**以巧形容**	**久來闡明**	**規避弄巧**

客觀分析
拙速巧久
對比說明

孫子以辯證的方式，逆向先闡述「速戰」的反面——「久戰」的危害，之後再透過對比拙與巧，來說明速戰速決的重要性。此種思考路徑也是「計」的過程，並由此得出以下結論：

故不盡知用兵之害者，則不能盡知用兵之利也。

不知用兵之害 ←-------→ 不知用兵之利

二・作戰

06 善用兵者

曹操曰：「欲戰必先算其費，務因糧於敵也。」

原文

善用兵者，役不再籍，糧不三載；取用於國，因糧於敵，故軍食可足也。國之貧於師者遠輸，遠輸則百姓貧；近師者貴賣，貴賣則百姓財竭，財竭則急於丘役。力屈、財殫，中原內虛於家。百姓之費，十去其七；公家之費，破車罷馬，甲冑矢弩，戟楯蔽櫓，丘牛大車，十去其六。

譯文

孫子說：善於用兵的人，不會長期徵兵，也不會頻繁從國內運送糧草至前線。真正善於用兵的人，會從國內調取所需的武器，糧草則從敵方獲取，以確保軍隊的糧食供應無虞。然而，戰爭本身的消耗極為龐大，會導致國家財力衰竭，甚至使百姓陷入貧困。為何如此？因為凡是軍隊駐紮之處，當地物價便會急遽上漲，百姓首當其衝地感受到生活壓力。軍隊的日常需求，包括飲食、住宿、補給等，無一不需要大量財力支撐，國家為了應付戰爭開支，不得不加重賦稅與徵收勞役。

當國家財富被戰爭消耗殆盡，百姓的積蓄與財產將損失七成，而國家的公有財產如輕便戰車、重型戰車、馬匹、盔甲、弓箭、戟盾、大盾、戰車裝備以及用於運輸的牛匹與車輛，則會損失六成。由此可見，出兵遠征對國家的財力與資源帶來極為沉重的負擔。

啟示

本文解釋用兵之害，即出兵所帶來的巨大財政負擔，從軍費開支、物資消耗到國家經濟的影響，皆揭示出戰爭的極大代價。孫子分析出兵既然如此花費金錢，就必須逆向思考如何才能降低戰爭成本？答案就是縮短戰爭的時間，選擇「拙速」，放棄「巧久」。

隨後，他在文中進一步闡述，出兵不僅耗費錢財，也消耗時間，開支更會隨著時間的延長而不斷增加，內耗加劇，導致國家不得不繼續深挖自身資源，從而陷入惡性循環。因此，孫子透過分析出兵對財力、物資、人力、畜力的消耗來強調軍事補給的問題，一旦戰線拉得過長，運輸補給跟不上，最終會導致「不戰則國滅」的危機。

在生活與工作中，若不能設身處地站在對方的角度思考，或不願從「利他」的視角來看待問題，固執地認為自己是正確的，這樣的態度終將帶來嚴重的後果。不僅會耗損家人、同事的精力與資源，最終也會讓自己陷入困境，失去一切。學會換位思考，從多種角度分析問題，才是避免內耗、提升自身格局的關鍵。

總結：查理・蒙格（Charles Munger）曾說：「你要反過來想，總是反過來想。」主觀時，反過來想；內耗時，反過來想；居安時，思危。

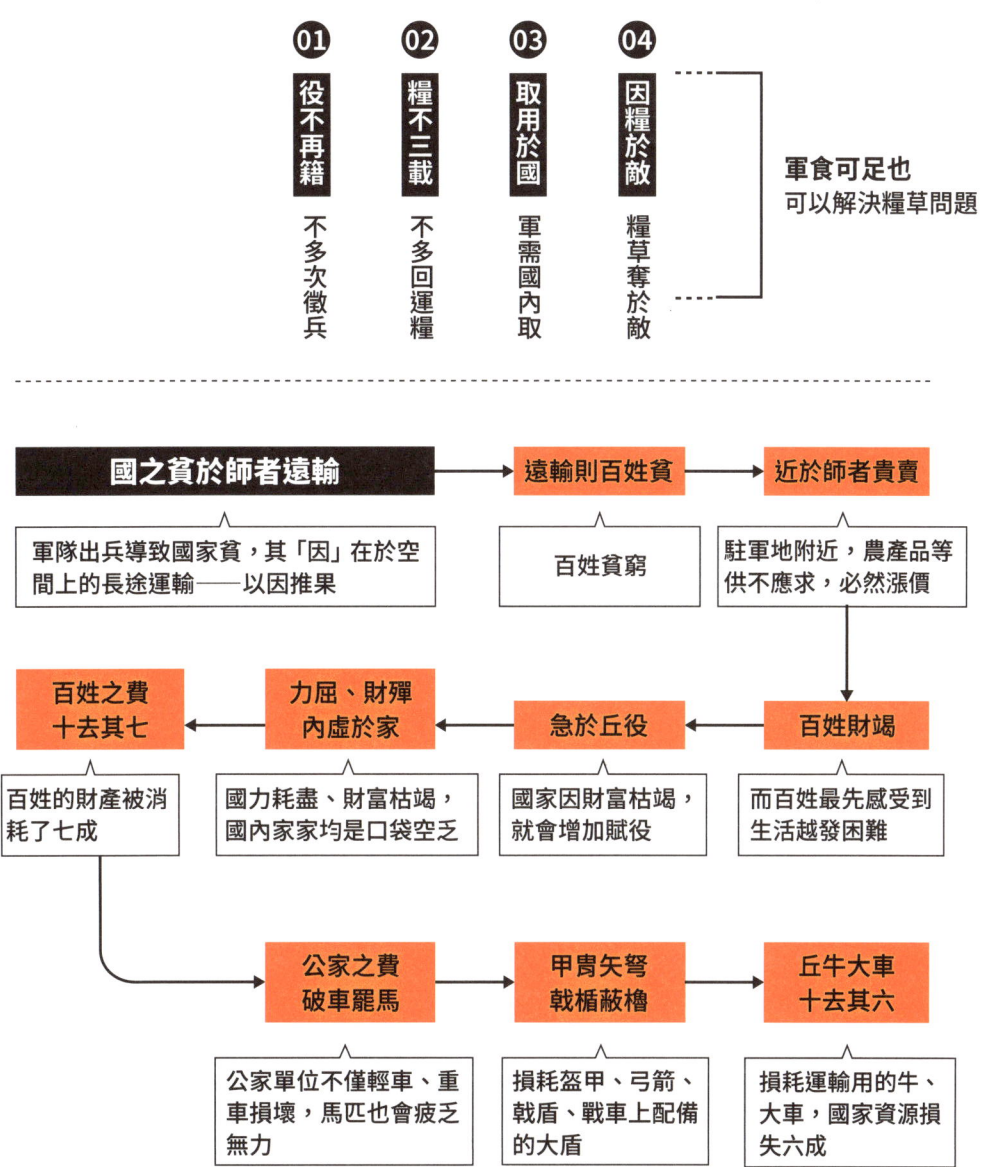

二・作戰

07 因糧於敵

曹操曰：「欲戰必先算其費，務因糧於敵也。」

原文

故智將務食於敵，食敵一鍾，當吾二十鍾；萁稈一石，當吾二十石。故殺敵者，怒也；取敵之利者，貨也。故車戰得車十乘以上，賞其先得者，而更其旌旗，車雜而乘之，卒善而養之，是謂勝敵而益強。

譯文

孫子在前文闡述了出兵對國家的消耗之大，本文則提出了對應的解決方法：聰明的將帥務必就地解決問題，善用「因糧於敵」的策略，也就是說，糧食要盡可能從敵方奪取，而非全部依賴國內運輸。從時間成本與空間成本的角度來計算，從敵方獲取一鍾糧食，相當於從我方運輸二十鍾糧食；獲取敵方草料一石，相當於減少我方二十石草料的運輸需求。

因此，軍隊在作戰時，必須設法讓我軍勇猛殺敵，激起兵卒對敵人的憤怒；若想激勵我方軍士勇於奪取對方物資，就必須採取有效的獎勵措施。例如車戰中，凡是能繳獲對方十輛戰車以上，則獎勵首奪戰車的勇士。繳獲的戰車不應廢棄，而是將敵方的旗幟換成我方旗幟，並將其編入我軍車陣之中，同時要善待俘虜，使其為我方效力。這就是所謂「戰勝敵人同時壯大自身」的戰略運用。

啟示

勝敵而益強，曹操曰：「益己之強。」即所謂「以戰養戰」的精髓，乍看之下似乎矛盾且對立，卻被孫子巧妙地結合，這是因為：

激勵與獎賞	＋	融和對立	＝	勝利壯大
越搶越賞，越賞越搶。提升戰鬥力，就地取材，降低自身損耗		納入俘虜，擴充隊伍提升戰鬥力		不僅戰勝對方，還擴充壯大了自己的隊伍

> 本質是孫子對人性的參悟

總結：因糧於敵，是以戰養戰，讓敵人為己方提供補給，即從別人口袋裡拿食物，既能削弱敵人，又能壯大自身。

因糧於敵

故智將務食於敵,食敵一鍾,當吾二十鍾;其秆一石,當吾二十石。

春秋時期計量方法
奴隸主、公室公量:一鍾=640 升
地主階級家量:一鍾=1000 升

春秋時期計量方法
秆:豆秸,飼料用
一石=120 斤

聰明的將帥懂得如何節省時間及運輸成本

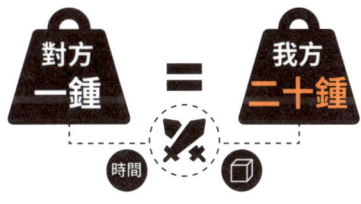

因糧於敵,節省了我方的時間與空間運輸成本。　　因糧於敵,節省了我方的時間與空間運輸成本。

因此,節省成本的祕訣在於「搶占」對方資源,該如何搶?

故殺敵者,怒也;取敵之利者,貨也。

若要激勵我方部隊勇敢殺敵,應賞賜勇於奪取對方物資的兵卒。

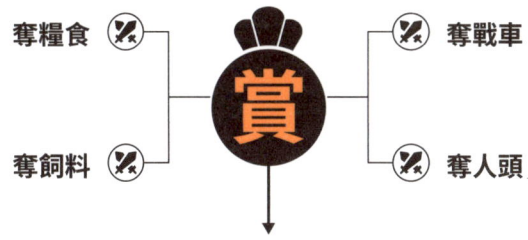

目的:不僅要戰勝敵人,還要讓自己變強

意思是,不僅僅我方要打贏這場仗,同時還要壯大自身實力,越來越強。
這兩個概念並不矛盾,是相互一致的。

015

二·作戰

08 速戰速決

曹操曰：「欲戰必先算其費，務因糧於敵也。」

原文

故兵貴勝，不貴久。故知兵之將，民之司命，國家安危之主也。

譯文

因此，用兵作戰最重要的是速戰速決，不宜拖延戰爭時間。懂得用兵的將帥，不僅是子民的「司命」，即保護百姓的救星，更是國家安危的關鍵主宰者。

啟示

前文講述如何透過戰略手段來節省戰爭的時間與空間成本，並藉由建立有效的獎勵政策，來降低補給消耗，還能擴大自身戰力。然而，能否勝利最終仍要回歸到戰爭的核心問題，即將帥是否具備足夠的戰略頭腦。孫子在此強調的「知兵之將」，其中包含將帥的個人能力。但客觀來說，單獨強調將帥的作用未免有些淺薄，所謂「有將無兵，將則寡矣；有兵無將，兵無首則亂矣。」也就是說，將帥固然重要，但兵卒也同樣不可或缺，兩者應合一而論。否則過於強調將，則偏於唯心主義、不夠客觀。

〈作戰篇〉可視為〈始計篇〉的延伸，從客觀角度剖析了出兵的弊端，並提供相應的解決對策。整體而言，本篇重點在於擬定戰略框架。闡述了戰爭的各種消耗：金錢、時間、人心（&性命）、兵力、國力，這些都是出兵的不利之處。因此，要解決這些不利因素，就是要將不利因素轉化為有利條件。孫子在本文中提出了「對立統一」的觀點，既揭示了戰爭的矛盾本質，也為後世提供了經典的戰略思維，值得深思與借鑑。

總結：〈作戰篇〉即出兵之害——耗金錢、耗時間、耗兵卒、耗國力，此為決策損失思維模型。

速戰速決

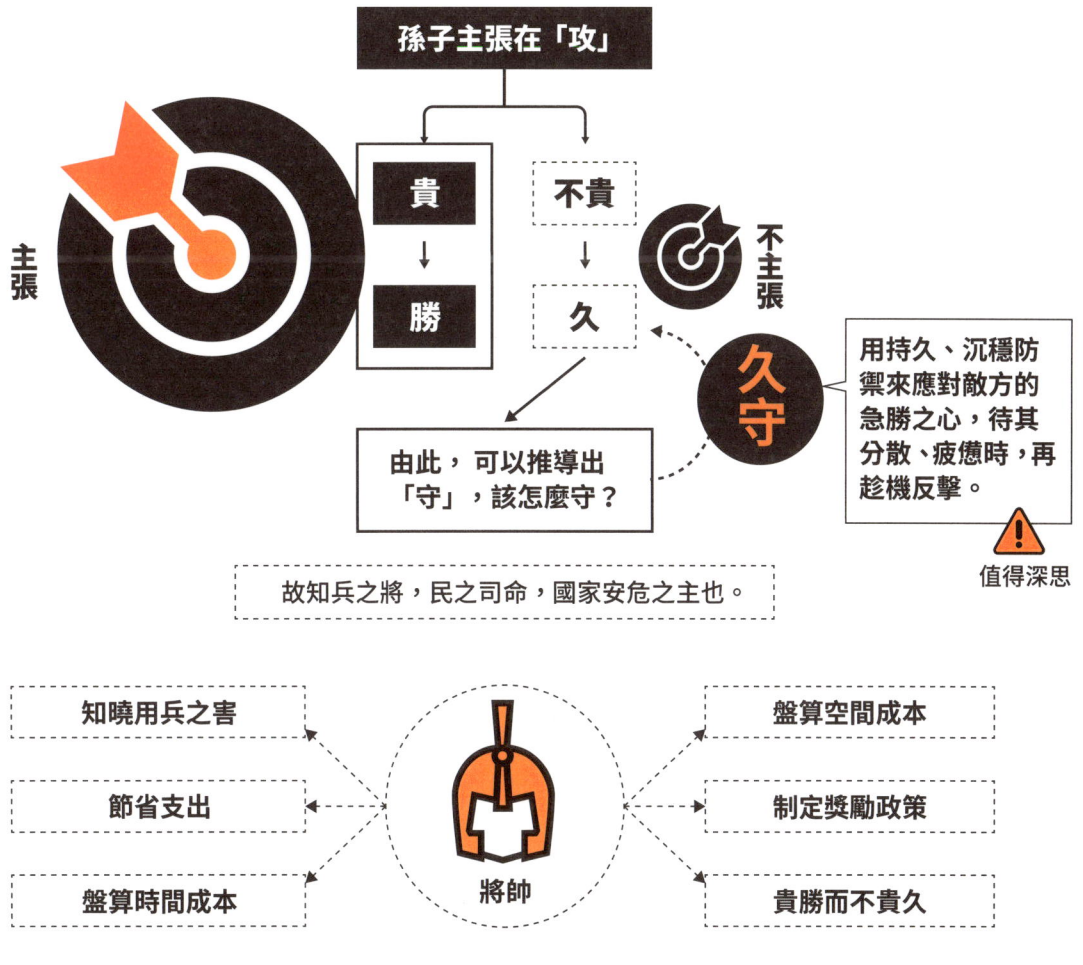

三・謀攻

09 不戰制敵
曹操曰:「欲攻敵,必先謀。」

原文

孫子曰:凡用兵之法,全國為上,破國次之;全軍為上,破軍次之;全旅為上,破旅次之;全卒為上,破卒次之;全伍為上,破伍次之。是故百戰百勝,非善之善者也;不戰而屈人之兵,善之善者也。

譯文

孫子說:用兵的指導原則是,使敵人舉國屈服投降為上策,用武力打擊敵國使之屈服為次;使敵人全軍屈服投降為上策,用武力打擊敵軍使之屈服為次;使敵人全旅屈服投降為上策,用武力打擊敵旅使之屈服為次;使敵人全卒屈服投降為上策,用武力打擊敵卒使之屈服為次;使敵人全伍投降為上策,用武力打擊敵伍使之屈服為次。因此,百戰百勝並非最高明的戰術,讓敵人不戰而降,才是最高明的戰略。

啟示

針對〈謀攻篇〉,曹操曾說:「欲攻敵,必先謀。」進攻敵人之前應先謀畫,謀而後攻是一個普遍的戰爭規律;不謀而攻,往往會措手不及,這類情況屬於臨陣磨槍,孫子並不提倡這樣的做法。孫子主張的策略是「不戰而屈人之兵」,並將此策略分為五個層次,孫子雖然並未詳述如何實現「不戰而屈人之兵」,但有一種說法是透過軍事力量懸殊、政治經濟手段或者離間對方等手段來實現,簡而言之就是博弈,是「謀」對「謀」,「計」對「計」的過程,儘管孫子強調的是戰前準備,但這一策略同樣適用於戰爭中與戰後的情境。

在日常生活與工作中,無論是企業對企業,還是個人對個人,甚至是自己對自己,都存在著博弈,該如何實現「不戰而屈人之兵」?或許可以從利他的角度出發,站在對方的立場來思考,了解對方最迫切需要的東西,從而找到突破口,來策畫自己的行動。

總結:遵循客觀規律,洞察人性並站在對方的立場來思考,或許就能避免博弈上升至最糟糕的型態——即戰爭。

不戰制敵

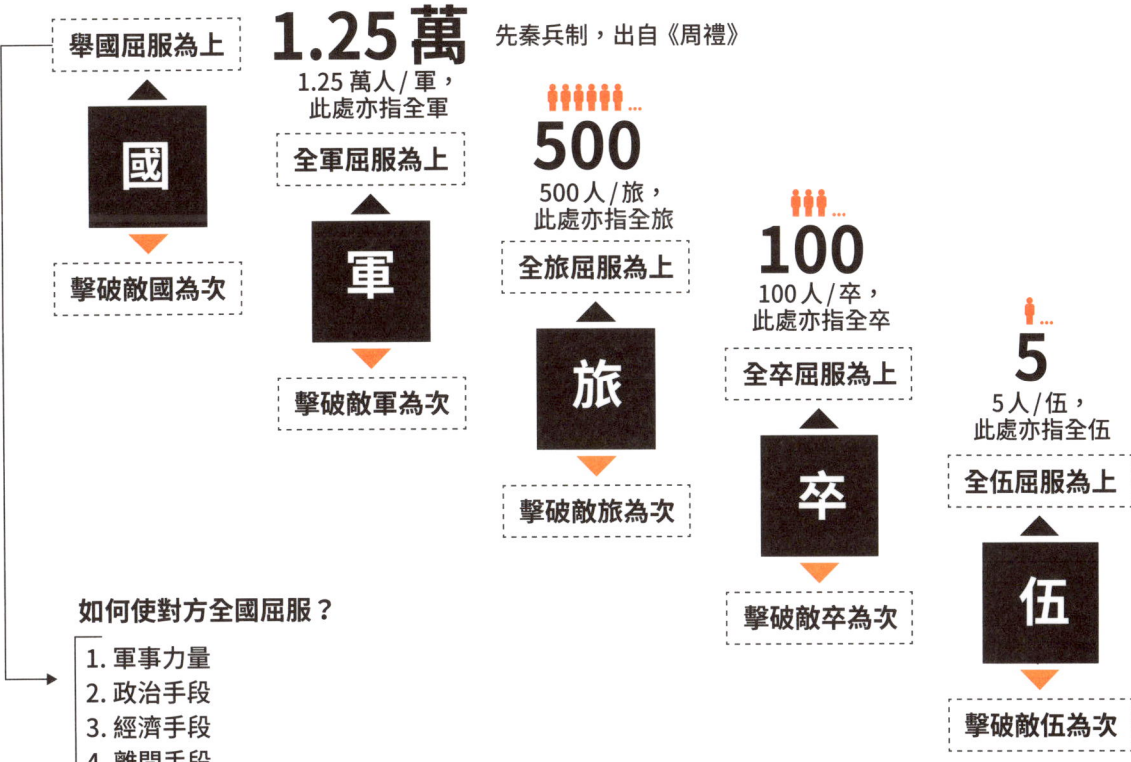

三・謀攻

10 上兵伐謀

曹操曰：「欲攻敵，必先謀。」

原文

故上兵伐謀，其次伐交，其次伐兵，其下攻城。攻城之法為不得已。修櫓轒轀，具器械，三月而後成；距闉，又三月而後已。將不勝其忿而蟻附之，殺士三分之一而城不拔者，此攻之災也。故善用兵者，屈人之兵而非戰也，拔人之城而非攻也，毀人之國而非久也，必以全爭於天下，故兵不頓而利可全，此謀攻之法也。

譯文

關於如何「不戰而屈人之兵」，孫子提出四種謀攻法則：上策為伐謀，即用謀略打敗敵人；用外交手段征服敵人次之；用武力打垮敵人再次之；攻城而後征服敵人則是下策。為何攻城是不得已而為之？因為製造攻城的器械（如巢車和轀）需要消耗三個月的時間，構築攻城的土山又要三個月。若將帥在長期備戰中難以抑制焦躁的情緒，驅使兵卒如螻蟻般爬雲梯攻城，結果兵卒傷亡三分之一卻仍無法攻下城池，即為攻城之害。

因此，善戰者應該讓敵人屈服而不用強行交戰，奪其城池而不用硬攻，滅其國而不須持久作戰。必須使用全勝的計謀，爭取在天下中獲得勝利。如此一來，我軍不會受到挫敗的影響，同時還能取得勝利，此為謀畫進攻的法則。

啟示

孫子繼續探究「不戰而屈人之兵」，並將其分為四種作戰形態：「伐謀」與「伐交」屬於政治博弈的範疇，而「伐兵」與「攻城」則屬於軍事博弈。孫子的表述方式和〈作戰篇〉相似，先講述損失與危害，指出痛點，並給出客觀的分析論點，即「故善用兵者，屈人之兵而非戰也，拔人之城而非攻也，毀人之國而非久也」。可理解為對「不戰而屈人之兵」的論點做支撐。

如此說來，就個人成長而言，「謀、交、兵、攻」四個字則是在考驗一個人的大局觀。

總結：生活中，「謀、交、兵、攻」這四個面向可作為博弈時思考問題的參考標準，藉此做出合適的決策。

上兵伐謀

四類謀攻之法

不戰而屈人之兵
- 伐謀
- 伐交
- 伐兵
- 攻城 ✗

攻城之法為不得已
攻城為下策，是不得已的方法，為什麼？
- 01 製造攻城的器械（週期約三個月）
- 02 構築攻城的土山（週期約三個月）
- 03 主將驅士卒爬雲梯（傷亡三分之一）

伐謀	伐交	伐兵	攻城
挫敗敵之戰略計謀	挫敗敵之外交能力	進攻敵之軍事武裝	下策為不得已攻城
👍 3	👍 2	👍 1	👍 0
目標：摧毀敵方預謀	目標：摧毀敵方外交	目標：摧毀敵方兵卒	目標：摧毀敵方城池

攻城之害

結論

攻城為不得已，所以善於用兵（不戰而屈人之兵）的將帥會如何做呢？

- 屈人之兵而非戰也
- 拔人之城而非攻也
- 毀人之國而非久也

如此，以全勝的計謀爭勝於天下，軍隊也不至於遭受挫敗，同時還可取得圓滿勝利。此為謀畫進攻的基本法則。

11 用兵之法

三・謀攻

曹操曰：「欲攻敵，必先謀。」

原文

故用兵之法：十則圍之，五則攻之，倍則分之，敵則能戰之，少則能逃之，不若則能避之。故小敵之堅，大敵之擒也。

譯文

因此，用兵的基本法則如下：若我方兵力是敵人的十倍，便可直接圍攻對方；若兵力為敵人的五倍，則可以主動進攻；若兵力僅為敵人的一倍，就應該想辦法將對方的兵力一分為二，拆分對方的力量；若雙方兵力相當，則應果斷地攻擊對方的薄弱之處，採取避實擊虛的戰術；若我方兵力較弱，就要設法擺脫敵人；若敵方兵力遠超於我方，則應避免硬碰硬（避免決戰並非不戰，是不能盲目硬打，能打則打，不能打則撤退）。因此，弱小的一方若死拚固守，終將淪為強大對手的俘虜。

啟示

本文強調，用兵的法則並非固定不變，而是根據不同的對手、時機與環境靈活地變化。只有將理論應用於實戰，才能真正獲得成長。在現實生活中，我們與對手可能擁有不同的資源數量（橫向），也會在人力與能力（縱向）上存在差異。

多數情況下，後四種戰略更為常見，例如：當我們遇到困難時，可將問題拆分（倍則分之），或者找到問題的弱點，以避實擊虛的方式解決；若對手過於強大，面對這樣的情況時，不可盲目硬拚，應該小心謹慎地評估，能應對則應對，無法應對則適時撤退（這並非逃避，而是一種戰略選擇）。

總結：敵弱我強時，不能驕躁，要學會根據情況變化來分析應對。敵強我弱時，則應保持理性，不要逞強硬拚。

用兵之法

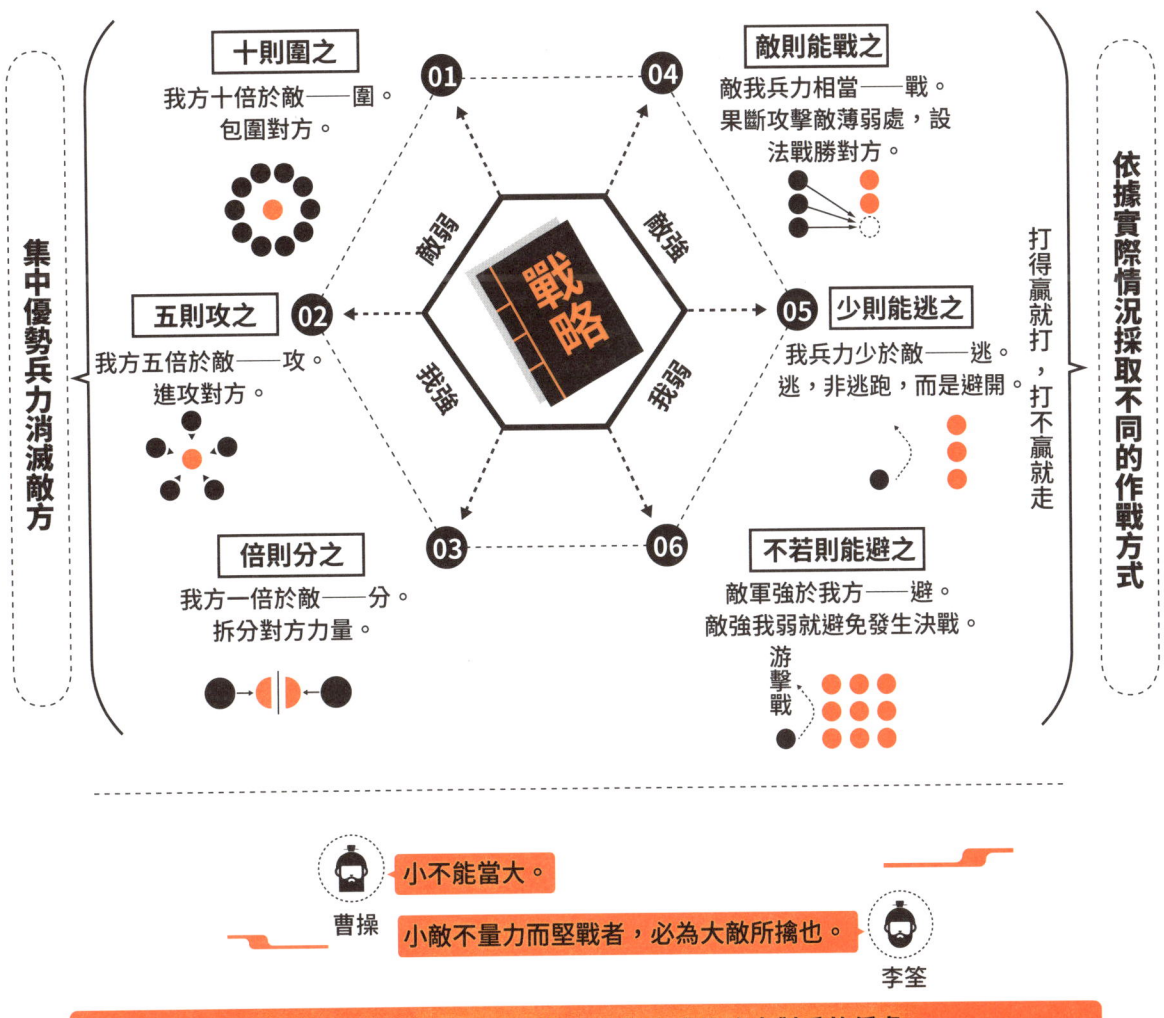

六個基本法則

依據敵我眾寡、強弱大小等情況的變化來調整作戰方法,如下:

01 十則圍之
我方十倍於敵——圍。
包圍對方。

02 五則攻之
我方五倍於敵——攻。
進攻對方。

03 倍則分之
我方一倍於敵——分。
拆分對方力量。

04 敵則能戰之
敵我兵力相當——戰。
果斷攻擊敵薄弱處,設法戰勝對方。

05 少則能逃之
我兵力少於敵——逃。
逃,非逃跑,而是避開。

06 不若則能避之
敵軍強於我方——避。
敵強我弱就避免發生決戰。
游擊戰

集中優勢兵力消滅敵方

依據實際情況採取不同的作戰方式
打得贏就打,打不贏就走

曹操:小不能當大。
李筌:小敵不量力而堅戰者,必為大敵所擒也。

弱小的一方,如果固執堅守,必然會成為強大對手的俘虜。
因此,孫子強調用兵之法在於——因時因地因人而活用。

三·謀攻

12 亂軍引勝

曹操曰：「欲攻敵，必先謀。」

原文

夫將者，國之輔也。輔周則國必強，輔隙則國必弱。故君之所以患於軍者三：不知軍之不可以進而謂之進，不知軍之不可以退而謂之退，是謂縻軍；不知三軍之事，而同三軍之政者，則軍士惑矣；不知三軍之權，而同三軍之任，則軍士疑矣。三軍既惑且疑，則諸侯之難至矣，是謂亂軍引勝。

譯文

將帥是國君的臂膀，若將帥能夠謹慎周全地輔佐國君，國家便能邁向強盛；若將帥輔佐國君時有所疏漏，國家則必然會衰敗。因此，君王可能導致三軍受到危害的情況有三種：第一，君王不知進退，不該前進時強行進攻，不該撤退時又執意退卻，導致三軍的行動受到牽制；第二，君王不諳戰爭規律，卻過度干涉軍事決策，導致三軍無所適從；第三，君王不了解戰場情況，卻貿然干預將帥的指揮，導致三軍產生疑慮。如此反覆折騰，軍隊因猶豫而不知進退、因迷惘而失去方向，因疑慮而無法果斷行動，敵軍或周邊諸侯難免趁機來犯，最終自取滅亡。

啟示

孫子提出君王可能損害三軍的三種情況，旨在強調「用人不疑，疑人不用」。這一觀點可能會讓人過度重視將帥的重要性，但實際上，國家強弱並非僅取決於將帥的才能（右圖有相關的邏輯推斷）。此原則不僅僅適用於軍事指揮，也適用於日常與團隊的管理。

現實中，管理者應建立以信任為基礎的工作環境，激勵團隊發揮專長。管理者應善於發掘人才，並培養真正有才能之人，以提升團隊的執行力和創新力。同時，管理者也須具備自省能力，適時調整管理策略，靈活應對環境變化，確保團隊發展不受個人偏見影響。透過有效地整合團隊，促進團隊合作、增強凝聚力，進而共同推動團隊的成長與進步。

總結：國君應謹記《論語》中的「不恥下問」，不懂時不應裝懂，而是虛心求教，抱持著理性客觀且敬畏的心，積極地去學習。

亂軍引勝

君王有害三軍的三種情況

夫將者，國之輔也。輔周則國必強，輔隙則國必弱。

夫將者，國之輔也。
孫子似乎過於強調將帥的作用，就「道天地將法」而論，將帥僅是整個系統中的基本因素之一。這種過度強調的傾向，可能反映了作者自身的軍事經歷或身分。另一種解釋則是，這裡的「將」泛指最高統帥。

輔周則國必強，輔隙則國必弱。
接上句強調國君與將帥兩者關係的重要性，如果將帥輔佐得好，那麼國家也必定強盛；反之，國家必定衰弱。

君王 → 周 / 隙 / 弱 → 將帥　強

| 關係和睦 | → | 強 |
| 關係不合 | → | 弱 |

參 邏輯推斷：國軍與將帥關係和睦，國家就一定會變強嗎？如果道不和、天不和、地不和、法不和，僅有「將和」，則條件不充分，因此國之強弱與將帥與君王之間不存在直接的因果關係。

一
不知軍之不可以進而謂之進，不知軍之不可以退而謂之退，是謂縻軍

不知進退

三軍該進則進，不該進不可硬進；三軍該退則退，不該退則不可硬退。

→ 導致三軍被牽制

二
不知三軍之事，而同三軍之政者，則軍士惑矣

不知內政

① 三軍內部管理
② 三軍獎罰機制
③ 三軍自身條件
④ 三軍組織模式

→ 導致三軍被迷惑

三
不知三軍之權，而同三軍之任，則軍士疑矣

不知應變

君王對前線戰況的了解應基於客觀事實，並隨情勢變化而靈活應對。

→ 導致三軍產生疑慮

是謂「亂軍引勝」：如此，兵敗是自取的 ⚠ 值得反思

13 預知勝道

三・謀攻

曹操曰：「欲攻敵，必先謀。」

原文

故知勝有五：知可以戰與不可以戰者勝，識眾寡之用者勝，上下同欲者勝，以虞待不虞者勝，將能而君不御者勝。此五者，知勝之道也。

譯文

預知將能獲勝的情況有五種：第一，能夠精確洞察客觀情勢，清楚判斷何時應該發動攻勢、何時應該避免交戰的人，通常能夠獲勝；第二，精通兵法，能夠根據戰況靈活調配兵力的人，通常能夠獲勝；第三，國內政局穩定、軍隊內部上下齊心的國家，通常也能夠獲勝；第四，交戰時，準備充分且能隨機應變的一方，通常能夠獲勝；第五，將帥擁有指揮才能，能掌握「道、天、地、將、法」等戰略要素，同時國君不加以干涉時，通常能夠獲勝。這五個條件，是預知獲勝的基本準則。

啟示

在戰爭中，不能指望靠運氣來獲取勝利，應該在確保必勝的前提下去謀取勝利。然而，即使具備這些條件，也僅僅是能夠預測，並不代表最終必然勝利。從預見獲勝到實際獲勝之間，仍存在一段距離，而這段距離，便是決策者在擁有必勝條件後，如何精心謀畫、有效執行的關鍵所在。

〈始計篇〉中提過「勢者，因利而制權也」，這裡的「權」就如同秤砣，它並非靜止不動，而是在某個範圍內不斷權衡，一旦確定了權衡結果，就應果斷行動、一戰而定。正如查理・蒙格（Charles Munger）所言：「要反過來想。」在實際工作與生活之中，最大的風險往往來自於過度相信自己的判斷力。然而，人性使然，我們總是容易陷入主觀、自以為是，那該如何應對呢？反過來想，不過度假設勝利的可能性，而是先設想可能失敗的情境，這樣便能更客觀地評估風險，進而提高決策的準確性。

總結：人性時常一廂情願，凡事總是先往好處想，因此往往會陷於主觀。我們應當反過來想，先思考失敗的情況。

預知勝道

預見勝利的五個基本條件

擁有判斷力，即具備能判斷敵我客觀情況的能力，能獲勝就放手去打，不能獲勝就不打，有此判斷力就能勝出——此為明者。

知可以戰與不可以戰者

將帥有絕對控制權（君王不會加以干涉，並且不會產生如上篇所講的三種危害）就會勝利——此為權者。

將能而君不御者

知勝之道不在兵力多寡，所以兵多有兵多的運用之法，兵少有兵少的運用之法，如此才會取得勝利——此為用者。

識眾寡之用者

知勝之道

以虞待不虞者

軍紀嚴明，平日堅持作戰訓練，如此便可在交戰時準備充分、隨機應變——此為機者。

上下同欲者

國內民意所向，軍民一致對外，眾志成城；軍內自上而下，萬眾一心，大勢如此，必勝——此為一者。

此五者，知勝之道也——
明者（知進退）、用者（知用多少）、一者（上下一心）、機者（知機動）、權者（知用人）

三・謀攻

14 知彼知己

曹操曰：「欲攻敵，必先謀。」

原文

故曰：知彼知己者，百戰不殆；不知彼而知己，一勝一負；不知彼，不知己，每戰必殆。

譯文

因此可以得出以下結論：若能客觀地了解對手和己方的情況，即使經歷再多的戰爭，也不會遭遇失敗；如果無法客觀地分析敵人的情況，但能精確掌握自身實力，或者反過來，能夠洞察敵情卻對自身狀況缺乏清晰認知，那麼勝敗的機率各占一半；若既無法正確評估對手情勢，也無法客觀了解自身情況，則每戰必敗。

啟示

〈謀攻篇〉第三部分至此結束，本篇以「不戰而屈人之兵」作為最高戰略目標，延伸至若不得已必須交戰時，應該如何作戰、用兵之道為何、需要預防哪些風險，以及確保勝利的條件，最後回歸到「知彼知己，百戰不殆」這項戰爭的一般規律。

《孫子兵法》不僅是兵法，也是一種博弈之法，生活中我們無時無刻都處於各種博弈之中，該如何應對這些博弈？首先，目標必須明確，「不戰而屈人之兵」是最優先的策略，其次是「伐交」，再次之則是「伐兵」。如果不得不「伐兵」，則「知彼知己」是獲勝的先決條件，而了解自己還需要建立在客觀事實的基礎之上。在具備這些條件的情況下，應該思考如何有效運用並布局手中的資源，同時預判可能影響戰局的各種因素，或者找出潛在的障礙，如此一來，才能做到「能戰則戰」，不宜交戰則避戰，靈活應對局勢變化。

總結：一句經典臺詞說道──「江湖不是打打殺殺，江湖是人情世故。」戰爭如此，人生也是。

知彼知己

戰爭的一般規律 —— 知彼知己，百戰不殆

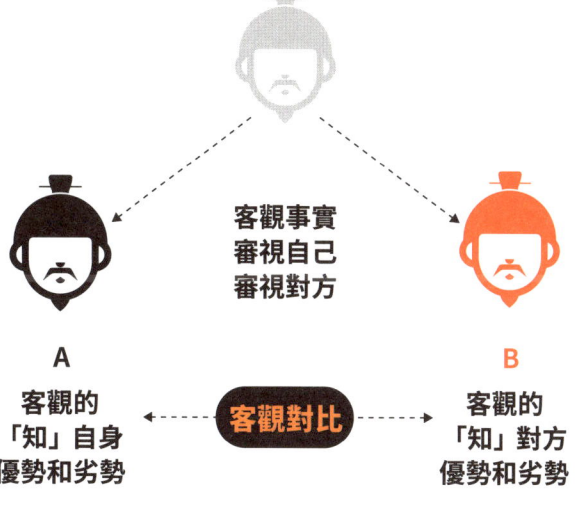

知己

知之為知之，不知為不知

「知」為客觀的「知」，知道就是知道，不知道就是不知道。不知道裝知道，不僅是不知道，還說明你沒有勇氣承認自己不知道。如果僅僅停留在主觀層面，就難以做出客觀判斷。

知己，是客觀地評判自身條件，也就是你的基本能力，例如你的優勢和劣勢分別為何，你的核心技能為何。

知彼

知之為知之，不知為不知

知彼，指客觀地評判對方的條件，也就是對方的優勢和劣勢，對方的核心技能等。

主客觀情況下的知己知彼，其結果是不同的，所以讀書不能死讀，任何知識的學習和吸收都要以「反思＋應用」為目的。

由此推出下列三種情況

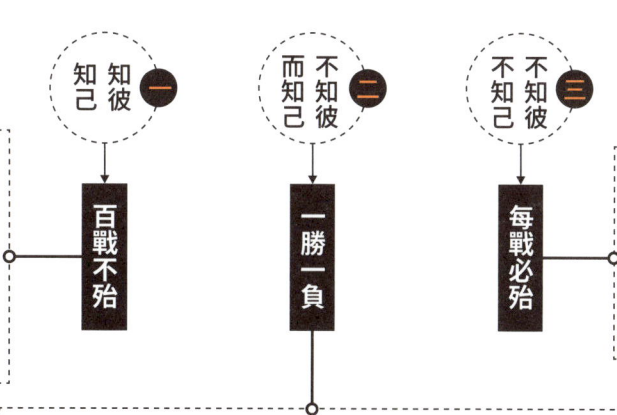

能客觀地分析對方的優勢和劣勢，同時也能客觀地分析自身的優勢和劣勢，這依然是前篇所講的能打就打，不能打就不打，若能如此，則每次作戰都不會失敗。

不能客觀分析對方的優勢和劣勢，但能客觀分析自身的優勢和劣勢，那麼勝利的機率有50%，可能會勝，也可能會敗。反之，「不知己而知彼」的情況，即不了解自己能不能打，但是能看到對方的優缺點，結果也是相同的。

不能客觀地分析對方的優勢和劣勢，同時也不能客觀地分析自己的優勢和劣勢，僅僅停留在主觀層面的自以為是，則每戰必然會失敗。

四・軍形

15 先為不可勝

曹操曰:「軍之形也。我動彼應,兩敵相察,情也。」

原文

孫子曰:昔之善戰者,先為不可勝,以待敵之可勝。不可勝在己,可勝在敵。故善戰者,能為不可勝,不能使敵之可勝。

譯文

孫子說:自古以來,善於指揮作戰的人,總是先確保自身處於不敗之地,並在此基礎上等待能夠戰勝對手的時機。不被戰勝,完全取決於自身的準備與應對,至於能否戰勝對方,則取決於對手是否犯錯並暴露其弱點。

因此,所有善戰之人,皆透過主動解決自身問題,以確保不被戰勝,但無法強求敵人必定露出破綻,進而被我方擊敗。

啟示

「勝可知而不可為」,這句話中隱含了一項客觀因素:當自身實力不足以戰勝對手時,只需要做一件事,那就是等待。這種等待絕非消極地什麼都不做,若如此理解,便大錯特錯。其實,很多概念都很容易被誤解,例如「順其自然」,順其自然並非消極的放任發展,而是順應事物發展的規律,主動地採取行動。因此,孫子的意思是應積極強化自身實力,並等待對方露出破綻。

另一方面,主動行動的核心是將希望寄託於自己身上,而非依靠外在條件。許多時候,我們會本能地依賴他人,例如在家依靠父母,出門仰仗朋友,然而《孫子兵法》闡述的道理是:凡事不可過度依賴他人,應該倚靠自己。當務之急,是透過不斷修正與提升自己,來積累足夠的實力。

總結:面對敵強我弱的局勢時,不必執著於非贏不可,避免過度強求,應保持耐心與冷靜,持續主動地積累自身實力。

〈軍形篇〉指出戰爭的勝敗是以客觀的物質條件（即形）為前提。「形」為潛在的勢，或勢的現象、基礎。勢則是形的本質。

形是有形可見的勢
形是客觀運動物質
形是得與失的計算
形積累成當下的勢

勢是變化不可見的形
勢是主觀物質運動
勢是合適的進與退
勢累積出當下的形

《資治通鑑第十卷（漢紀）》中，荀悅論曰：「夫立策決勝之術，其要有三：一曰形，二曰勢，三曰情。**形者，言其大體得失之數也；勢者，言其臨時之宜、進退之機也；情者，言其心志可否之實也。**

故策同、事等而功殊者，三術不同也。」

先為不可勝

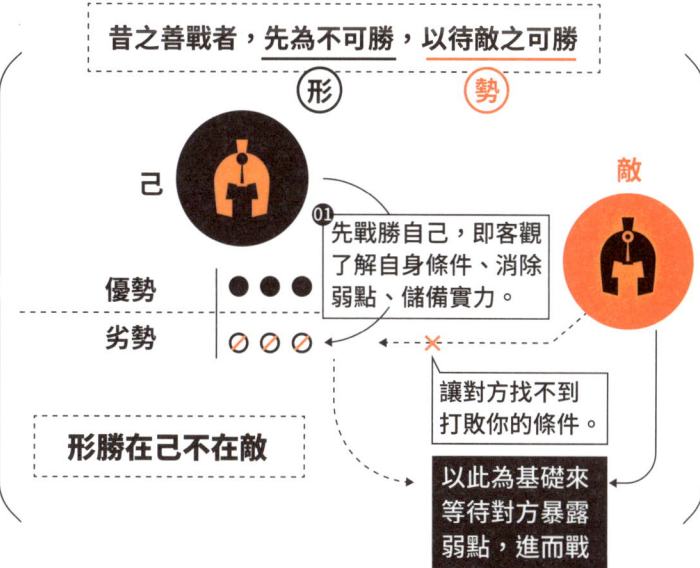

古往今來善於指導戰事的人，首先是能夠戰勝自己的人，即了解自身條件，並消除自身弱點，讓對方找不到打敗你的方式，以此來等待對方暴露弱點，進而戰勝敵人。

昔之善戰者，先為不可勝，以待敵之可勝
形　　　　　　　　　　　勢

己　　　敵

01 先戰勝自己，即客觀了解自身條件、消除弱點、儲備實力。

優勢
劣勢

形勝在己不在敵

讓對方找不到打敗你的條件。

02 以此為基礎來等待對方暴露弱點，進而戰勝敵人。

不可勝在己，可勝在敵——
消除自身的弱點，讓敵人沒辦法戰勝己方。是否會暴露弱點完全掌握在我方手中，是可控制的。而對方是否會暴露弱點，這掌握在對方手中。

曾國藩必定讀過〈軍形篇〉，因為他在指揮戰事時，從未提及如何打敗對方，而是一直在強調己方該如何準備。

故善戰者，能為不可勝，不能使敵之可勝。

所以善戰者 → 主動

可控	不可控
主動戰勝自身弱點便已經立於不敗之地了	而不能強求對方一定露出可被我戰勝的破綻

將勝利的希望放在提升自身實力上，而不是寄託在敵人身上。

031

四‧軍形

16 勝可知，而不可為

曹操曰：「軍之形也。我動彼應，兩敵相察，情也。」

原文

故曰：勝可知而不可為。不可勝者，守也；可勝者，攻也。守則不足，攻則有餘。善守者藏於九地之下，善攻者動於九天之上，故能自保而全勝也。

譯文

所以說，勝利是可預見的，但不能憑主觀意志去強求。敵人不可戰勝時，就應當防守；當敵人有可乘之隙時，就應該進攻。之所以選擇防守，是因為我方兵力不足；選擇進攻，則是因為我方兵力占據優勢。

善於防守者，可將自身實力隱藏得很深；善於進攻者，一旦出擊便能產生出奇制勝的效果。如此不僅能保存自己的實力，還能取得最後的勝利。

啟示

我讀過許多《孫子兵法》的解析，個人更傾向於郭化若將軍的分析。他的解釋簡潔明瞭，充滿力道。若想更深入研究，還可以參考《十一家注孫子》以及李零教授的《兵以詐立》，內容都相當詳盡且權威。我想特別強調，《孫子兵法》本身並非具體的實務指南，而是一部充滿智慧的經典，需要讀者自行領悟。千萬不要過度將其與商業案例或現代商業思維生硬聯想，因為商業思維會隨時代變遷而變動，強行套用反而可能適得其反。

此外，許多對於本文的解讀都忽略了「形」這一核心概念。解讀時必須將《孫子兵法》全篇脈絡聯繫起來，避免片面理解。孫子在這裡討論的依然是「形」，而「形勝」則是在等待中累積優勢，讓自己處於不可被戰勝的地位。

總結：能夠判斷或預知未來結果的人，是因為他能客觀且真實的評估自身實力。

勝可知，而不可為

勝可知，而不可為。
勝利是可預見的，不是憑我的主觀意志來打敗敵人。

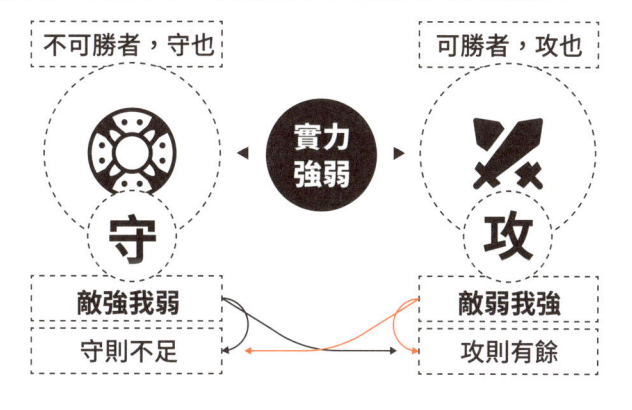

不可勝者，守也　　　可勝者，攻也

實力強弱

守　敵強我弱　　　　攻　敵弱我強
守則不足　　　　　　攻則有餘

守還是攻，取決於你的實力：敵不可勝，則選擇防守之勢；可勝，則選擇進攻之勢。守是因為敵強我弱，攻是因為敵弱我強。故守方實力不足於攻方，攻方實力有餘於守方。

另一種說法則相反，克勞塞維茨在《戰爭論》中說：「一般情況都以為是攻方強於守方，其實恰恰相反」，如此便為「攻則不足，守則有餘」。

善守者藏於九地之下，善攻者動於九天之上，故能自保而全勝也。

攻

善攻者，善於充分發揮自己的力量。
梅堯臣曰：「九天，言高不可測。」

善攻者，動作於天之氣象萬千。
曹操曰：「因天時之變者，動於九天之上。」

九天：九意指多，即氣象萬千，指變化多端之形。

善守者，會將自己的力量隱藏極深。
梅堯臣曰：「九地，言深不可知。」

善守者，隱藏於山川地形之下。
曹操曰：「因山川、丘陵之固者，藏於九地之下。」

守

九地：即各種地形，指奇形怪狀之地形。

四・軍形

17 實力定勝負

曹操曰：「軍之形也。我動彼應，兩敵相察，情也。」

原文

　　見勝不過眾人之所知，非善之善者也；戰勝而天下曰善，非善之善者也。故舉秋毫不為多力，見日月不為明目，聞雷霆不為聰耳。古之所謂善戰者，勝於易勝者也。故善戰者之勝也，無智名，無勇功，故其戰勝不忒。不忒者，其所措必勝，勝已敗者也。故善戰者，立於不敗之地，而不失敵之敗也。是故勝兵先勝而後求戰，敗兵先戰而後求勝。善用兵者，修道而保法，故能為勝敗之政。

譯文

　　眾人都能預見到的勝利，稱不上高明；打了天下皆稱讚的勝仗，也稱不上高明。就如同舉起秋毫不代表力量大，看到日月不代表眼力敏銳，聽到雷聲不代表聽覺靈敏一樣，這些顯而易見的事情並不能代表真正的實力。實力才是決定勝敗的關鍵。自古善於指揮作戰者，都是在最容易取得勝利的條件下行事。

　　因此，打了勝仗的人不一定擁有智謀，也不一定擁有勇猛的功夫，他們之所以能勝，在於沒有犯錯。之所以沒有犯錯，在於他們為自身創造了必勝的條件（即先為不可勝），因此可以輕易地戰勝處於不利地位的對手。

　　善戰者總會讓自身處在不敗之地（不斷地提升自己），並且不放過任何一次能使敵人失敗的機會。因此，勝者一般會先有勝利的把握後再去戰鬥，敗者則往往在沒有把握的情況下冒險出征，期待僥倖獲勝。善戰者往往建立嚴明的政治和法治系統，因此能掌握勝敗的決定權。

啟示

　　大多數人都是白手起家，不是在一開始就擁有許多資源，所以必然要歷經不斷累積的過程。那麼，何謂「高明」？高明意指「先為不可勝」、意指「勝可知，而不可為」。成功這件事，其實不困難，就是不斷地修練、累積實力，並遵循客觀的規律，不違反其法則。

總結：水滴石穿的關鍵在於持續地累積。

實力定勝負

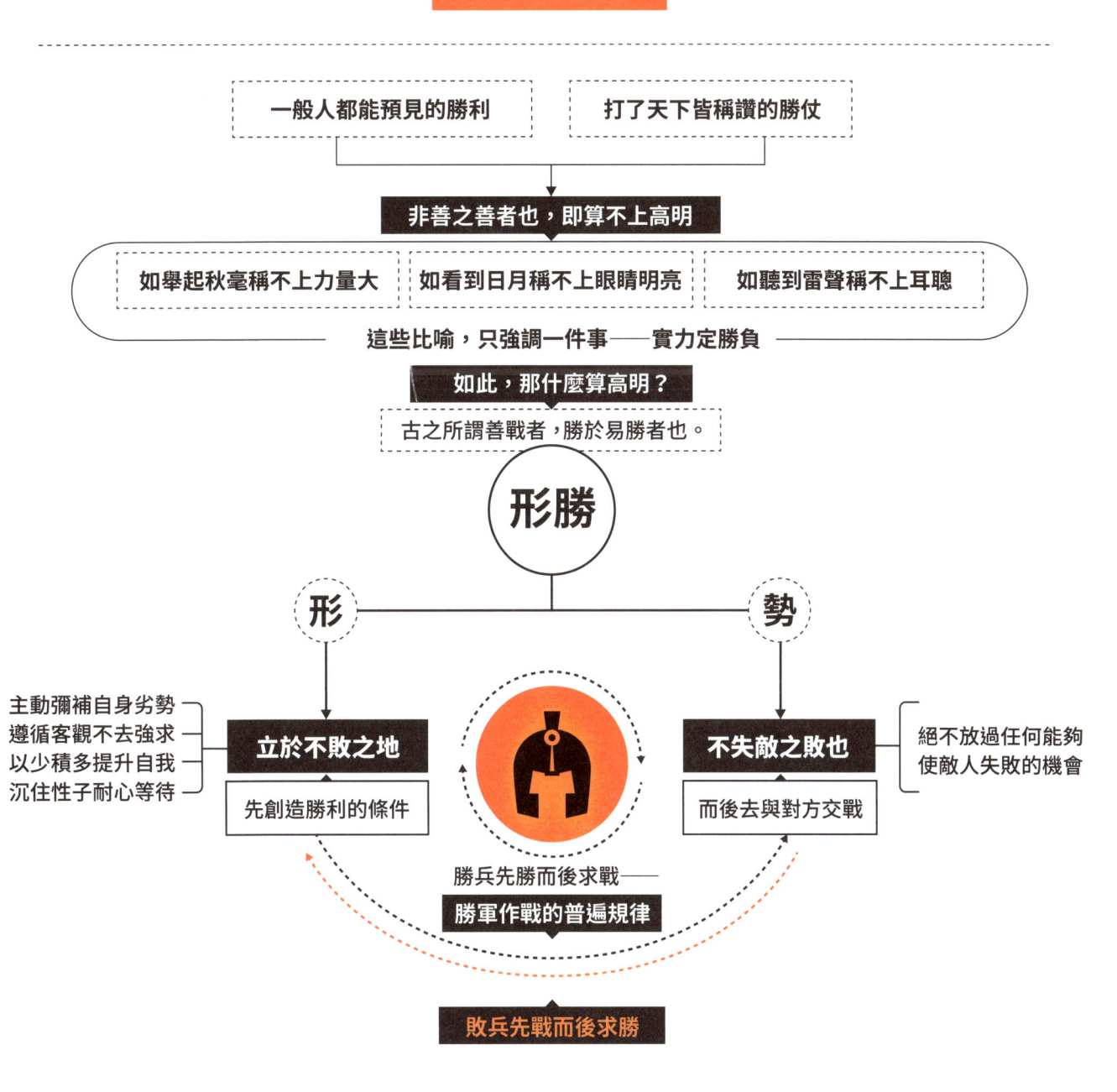

```
┌─────────────────────┐     ┌─────────────────────┐
│ 一般人都能預見的勝利 │     │ 打了天下皆稱讚的勝仗 │
└──────────┬──────────┘     └──────────┬──────────┘
           └────────────┬───────────────┘
                        ▼
         **非善之善者也，即算不上高明**

┌──────────────────┐ ┌──────────────────────┐ ┌──────────────────┐
│ 如舉起秋毫稱不上力量大 │ │ 如看到日月稱不上眼睛明亮 │ │ 如聽到雷聲稱不上耳聰 │
└──────────────────┘ └──────────────────────┘ └──────────────────┘
```

這些比喻，只強調一件事——**實力定勝負**

如此，那什麼算高明？

古之所謂善戰者，勝於易勝者也。

形勝

形 ＼　　／ **勢**

主動彌補自身劣勢
遵循客觀不去強求
以少積多提升自我
沉住性子耐心等待

立於不敗之地		**不失敵之敗也**
先創造勝利的條件		而後去與對方交戰

絕不放過任何能夠
使敵人失敗的機會

勝兵先勝而後求戰——
勝軍作戰的普遍規律

敗兵先戰而後求勝

四・軍形

18 積少成多

曹操曰：「軍之形也。我動彼應，兩敵相察，情也。」

原文

兵法：一曰度，二曰量，三曰數，四曰稱，五曰勝。地生度，度生量，量生數，數生稱，稱生勝。

譯文

軍事決策可歸納為五個範疇：第一，估算本國的國土面積；第二，推算本國物產的數量多寡；第三，評估軍隊的規模；第四，細緻比較敵我雙方的軍事力量；第五，綜合前述的因素來判斷勝負。首先，敵我雙方皆有土地，因此會涉及國土面積大小（度）的問題；敵我雙方國土面積大小不同，就會影響糧食產量（量）；糧食產量的多寡，決定了人口數量（數）的不同，意即可徵召的兵力數量；敵我雙方可徵召的兵力不同，便會影響軍事力量的強弱（稱）問題；而敵我軍事力量強弱不同，最終將決定戰爭的勝負。

啟示

戰爭中，物質基礎是客觀衡量勝敗的標準，這也是為「先為不可勝」中的「為」提供了一個具體的行動方向。因此，當我們進行自我反思，尋找並消除自身劣勢時，這五個範疇變成為重要的參考依據。以現實來說，企業的發展亦是如此，例如企業的規模大小、未來市場的布局規畫、資源管道的掌握、團隊實力的強弱等，都是決定成敗的關鍵因素。而在個人成長方面，我們最大的敵人其實是自己，你的底層邏輯框架是什麼？既有的思考模式為何？你對自身的了解是否過於主觀或自以為是？這些都是值得深思的問題。

總結：由「形」出發，推導出形勝的要素，當己方實力尚顯薄弱時，應當有目標地從最小的要素開始累積，用複利的思維逐漸壯大自身實力。

積少成多

軍事決策的五個範疇

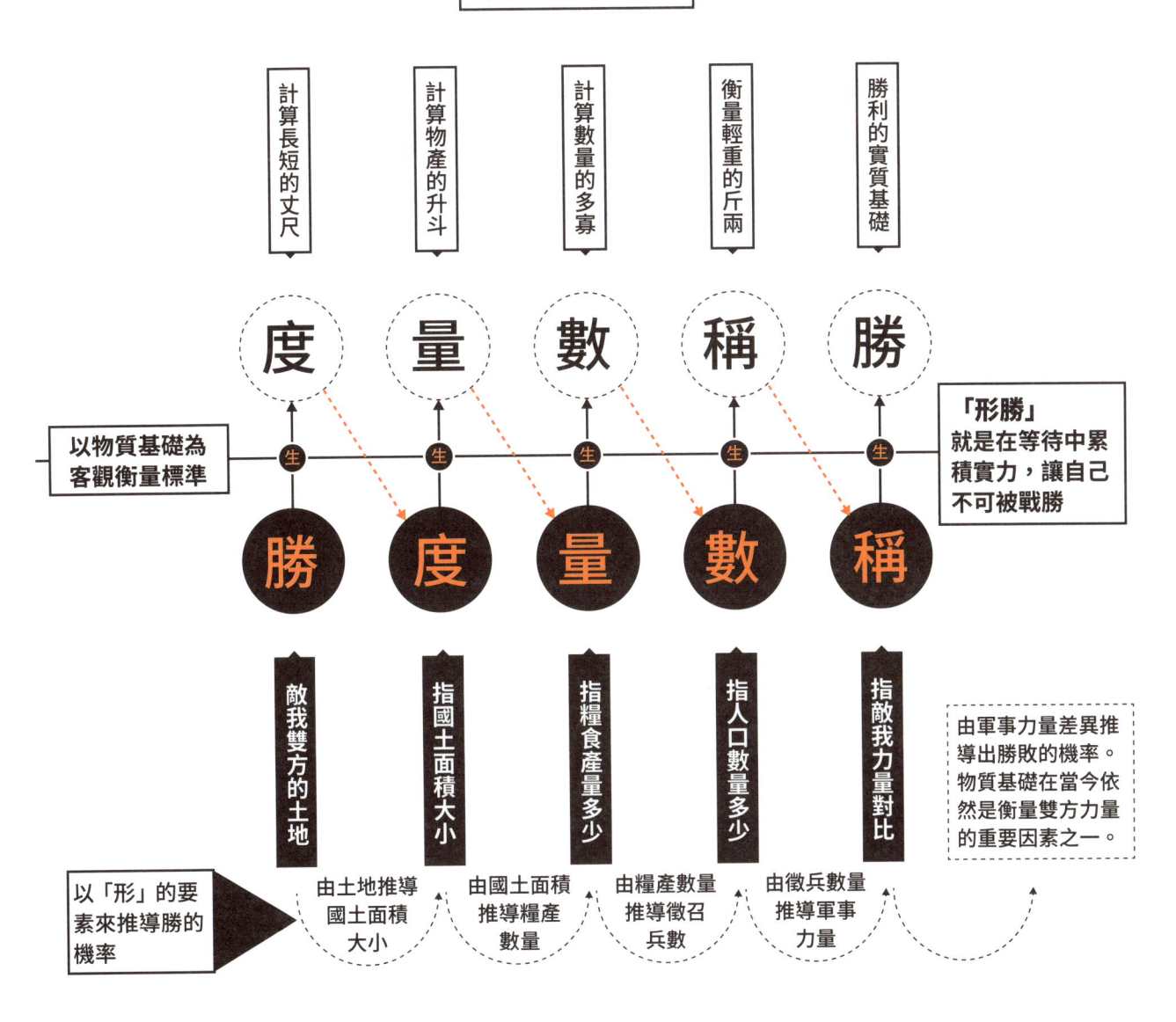

- 計算長短的丈尺 → 度
- 計算物產的升斗 → 量
- 計算數量的多寡 → 數
- 衡量輕重的斤兩 → 稱
- 勝利的實質基礎 → 勝

以物質基礎為客觀衡量標準

勝 生→ 度
度 生→ 量
量 生→ 數
數 生→ 稱
稱 生→ 勝

「形勝」就是在等待中累積實力，讓自己不可被戰勝

- 敵我雙方的土地 — 勝
- 指國土面積大小 — 度
- 指糧食產量多少 — 量
- 指人口數量多少 — 數
- 指敵我力量對比 — 稱

以「形」的要素來推導勝的機率

- 由土地推導國土面積大小
- 由國土面積推導糧產數量
- 由糧產數量推導徵召兵數
- 由徵兵數量推導軍事力量

由軍事力量差異推導出勝敗的機率。物質基礎在當今依然是衡量雙方力量的重要因素之一。

四・軍形

19 蓄勢待發

曹操曰：「軍之形也。我動彼應，兩敵相察，情也。」

原文

故勝兵若以鎰稱銖，敗兵若以銖稱鎰。勝者之戰民也，若決積水於千仞之溪者，形也。

譯文

因此，能夠打勝仗的隊伍，就如同用「鎰」來稱量「銖」，占有絕對的優勢；而戰敗的隊伍則如用「銖」來稱量「鎰」，處於絕對的劣勢。正因如此，勝利的隊伍在作戰時，如同掘開積水已久、位於千丈高處的洪流，其勢猛不可擋，具有強大的衝擊力。

啟示

《孫子兵法》第四章〈軍形篇〉至此結束，文中描繪出令人讚嘆的動態畫面感！「先為不可勝，以待敵之可勝」，這句話的主動權掌握在自身，「先為」是首要的工作，當自身力量尚不足以取勝時，便應當選擇防守，潛藏於九地之下，做好準備工作，主動累積自身實力，不斷提升自己、審視自己、反思自己、修正自己，讓自己能時刻處於不敗之地。待時機成熟之時，再集中自己的絕對優勢出擊。例如，蘋果公司創辦人史蒂夫・賈伯斯（Steve Jobs）的「極致」表現在他的專注力上，他將注意力集中對準目標，將會讓人分心的所有事情都過濾掉，進而在電腦及手機領域取得壓倒性優勢。

《孫子兵法》最後強調，我們不僅僅要集中絕對優勢力量（即「積水」的過程），更要精準把握時機（即「機」），時機到了便要借形成勢（由「形」轉變為「勢」），此時便能利用形勢帶來的重量加速度，使自身實力呈指數增長。

總結：孫子在〈軍形篇〉中強調，一切客觀物質都是動態的，能夠極其廣泛地延伸，但目標始終非常明確——即獲勝。

蓄勢待發

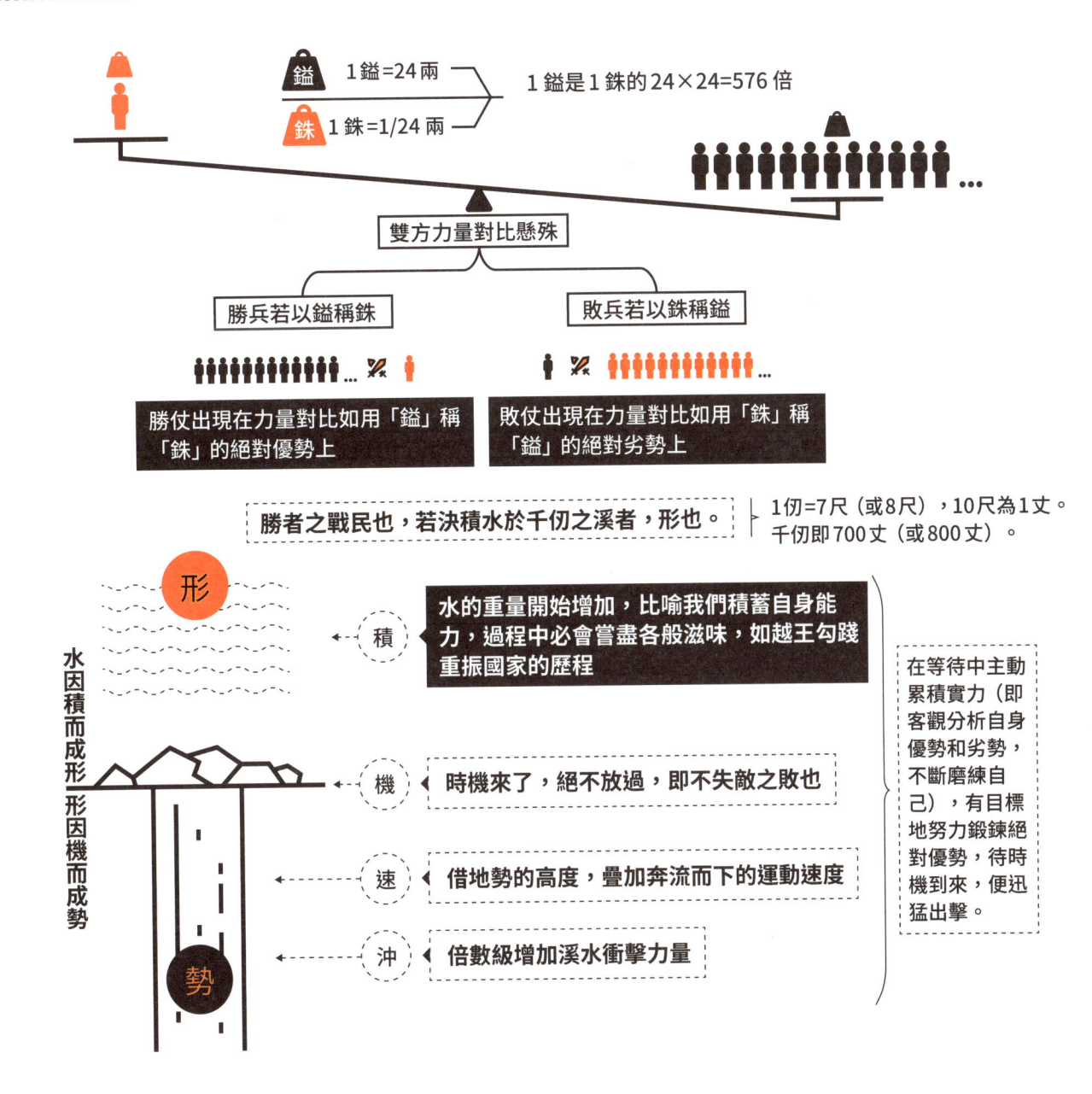

鎰 1鎰=24兩
銖 1銖=1/24兩
1鎰是1銖的24×24=576倍

雙方力量對比懸殊

勝兵若以鎰稱銖 | **敗兵若以銖稱鎰**

勝仗出現在力量對比如用「鎰」稱「銖」的絕對優勢上 | 敗仗出現在力量對比如用「銖」稱「鎰」的絕對劣勢上

勝者之戰民也，若決積水於千仞之溪者，形也。 ｜ 1仞=7尺（或8尺），10尺為1丈。千仞即700丈（或800丈）。

形

水因積而成形　形因機而成勢

- **積**：水的重量開始增加，比喻我們積蓄自身能力，過程中必會嘗盡各般滋味，如越王勾踐重振國家的歷程
- **機**：時機來了，絕不放過，即不失敵之敗也
- **速**：借地勢的高度，疊加奔流而下的運動速度
- **沖**：倍數級增加溪水衝擊力量

勢

在等待中主動累積實力（即客觀分析自身優勢和劣勢，不斷磨練自己），有目標地努力鍛鍊絕對優勢，待時機到來，便迅猛出擊。

039

五·兵勢

20 眾寡之分配組合

曹操曰：「用兵任勢也。」

原文

孫子曰：凡治眾如治寡，分數是也；鬥眾如鬥寡，形名是也；三軍之眾，可使必受敵而無敗者，奇正是也；兵之所加，如以碫投卵者，虛實是也。

譯文

孫子說：管理人數眾多的軍隊，與管理人數較少的軍隊是一樣的，關鍵在於層級分工明確，軍隊編制合理；指揮規模大的軍隊，與指揮規模較小的軍隊是一樣的，關鍵在於指揮系統建構完善，命令能有效傳達；率領三軍時，即使遭受敵軍突襲也不會潰敗，是因為能夠靈活運用奇正戰術，合理配置兵力；進攻敵軍時，如以石擊卵，能一擊制勝，正是因為巧妙運用「避實就虛」的戰略用得好。

啟示

「形」與「勢」是《孫子兵法》中的重要概念，「形」是具體可見的客觀條件，「勢」是藏於背後的主觀指導。形中有勢，勢中有形，「形」表露在前，「勢」則隱藏在後，兩者相輔相成。

「形」體現於戰略規畫與資源準備，能夠被量化計算，比如評估勝算大小，若計算清楚則可行動，若無法掌握則應避免貿然出手；「勢」則是掌握進退的時機，待情勢成熟，便能順勢而為，達成目的。因此，古代善於作戰的將領，往往會先規畫自身，讓己方立於不敗之處，然後耐心等待戰勝敵人的時機。若條件尚不具備，則不應勉強出戰。

「形勝」即是在等待中不斷積累，讓自己變得無人能敵，實力不斷增強；「勢勝」則是在勝機來臨之際，果斷出手，憑藉時機與形勢一舉奠定戰局！此原則不僅適用於戰場上，同樣適用於現實生活之中，無論從事何種行業，都應先苦練基本功，等待機會的出現，並伺機而動。

等待並不是無所作為，而是要累積自身實力。《孫子兵法》透過四個層面闡述「形」與「勢」的關係，前形後勢，即前期的準備工作要做足，後期努力執行並等待時機。

總結：行動前必須精確計算與規畫，計算清楚再行動，並在行動的過程中等待良機。然而，現實中，人們常常是一邊行動、一邊規畫，伺機而動。

「勢」隱藏於「形」後，東漢政論家荀悅認為，形就是評估整體優劣、得失的可見條件，勢則是進退的時機。形在外，勢在內，形可見，勢不可見。李零教授在《兵以詐立》中寫道：「勢就是看不見的手」。

勢是不可見在於內
勢是主觀物質運動
勢是合適的進與退
勢累積出當下的形

形勢

形是可見並在於外
形是客觀運動物質
形是得與失的計算
形積累成當下的勢

《資治通鑑第十卷（漢紀）》，荀悅論曰：「夫立策決勝之術，其要有三：一曰形，二曰勢，三曰情。**形者，言其大體得失之數也；勢者，言其臨時之宜、進退之機也；情者，言其心志可否之實也。**故策同、事等而功殊者，三術不同也。」

荀悅認為，「勢」是靈活應對臨時情況、隨機應變進退時機。行動前要先觀察「形」，具備「形」後再依靠「勢」。

眾寡之分配組合

凡治眾如治寡，**分數**是也
組織編制─分級定編

將全軍依照功能劃分為不同的系統和層級，並將其組織起來。組織得好，則管理人數眾多的大部隊，也會如同管理人數較少的小部隊一樣容易。杜牧曰：「分者，分別也；數者，人數也。」其目的在於保證人與物的有效組合，以提升軍隊整體作戰能力。張預曰：「故治兵之法：一人曰獨，二人曰比，三人曰參，比參為伍，五人為列，二列為火……」

大體得失之數

古代的分與數
獨　比　參　列　…
　　　伍　二列為火

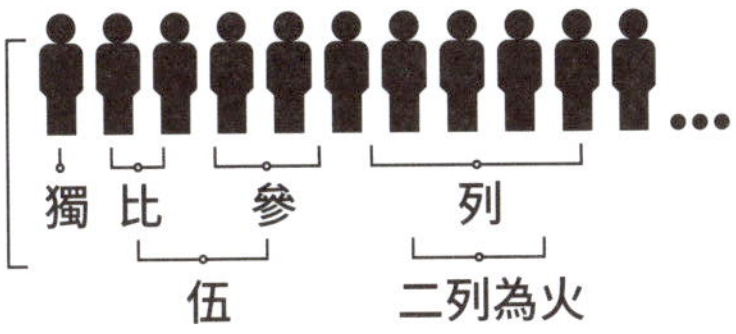

鬥眾如鬥寡，**形名**是也
遠端指揮─信號系統

曹操曰：「旌旗曰形，金鼓曰名。」《軍政》曰：「言不相聞，故為之金鼓；視不相見，故為之旌旗。」即言語指揮聽不清就用金鼓（聞鼓而進，聞金而退）來表達，手勢指揮看不清就用旌旗（混戰中易找到自己的隊伍）來表示，即具備遠端指揮控制系統，並且建立內部溝通的相關信號，不論是指揮人數眾多的軍隊或小部隊，都能使之步調一致。

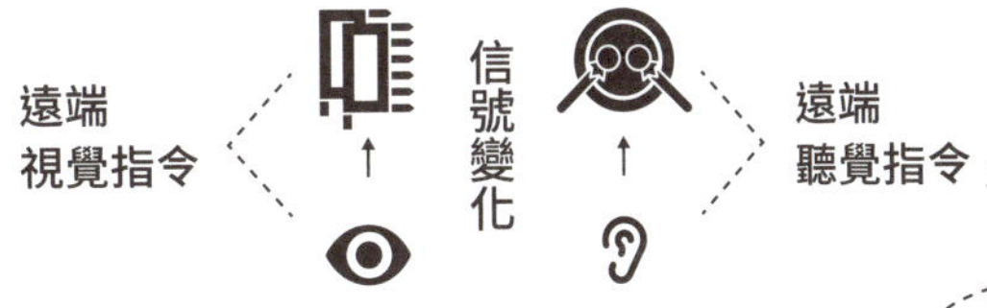

遠端視覺指令　信號變化　遠端聽覺指令

三軍之眾，可使必受敵而無敗者，**奇正**是也
奇正運用─兵力配置

奇正的戰術運用通常有三：
1. 軍隊編制或部署上擔任警戒、守備（鉗制敵人）者為奇，主力部隊為正。
2. 作戰方式上，正面攻擊部隊（明攻）為正，迂迴側擊（暗襲）為奇。
3. 按套路（原則）出牌者為正，不按套路（因地制宜）出牌者為奇。

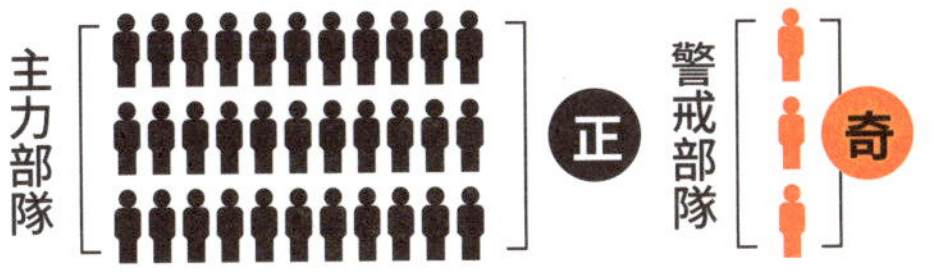

主力部隊　正　警戒部隊　奇

兵之所加，如以碬投卵者，**虛實**是也
避實就虛─集中力量

曹操曰：「以至實擊至虛。」即攻打敵人要像以石擊卵一樣，用強大的力量砸向虛弱的敵人，就一定能夠取得勝利。《兵以詐立》中李零教授認為，奇正是「點」方面的軍力分配（兵力分散），而虛實則是「面」方面的軍力分配（集中兵力），虛實更偏向大規模的戰役。

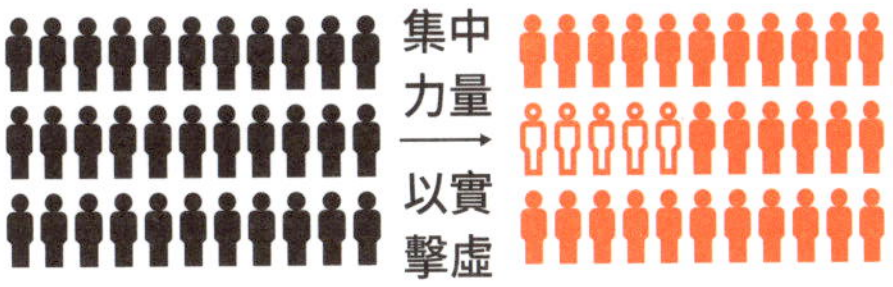

集中力量　以實擊虛

奇正、虛實對敵──屬於勢

臨時進退之機

五・兵勢

21 出奇制勝

曹操曰：「用兵任勢也。」

原文

凡戰者，以正合，以奇勝。故善出奇者，無窮如天地，不竭如江河。終而復始，日月是也。死而復生，四時是也。聲不過五，五聲之變，不可勝聽也；色不過五，五色之變，不可勝觀也；味不過五，五味之變，不可勝嘗也。戰勢不過奇正，奇正之變，不可勝窮也。奇正相生，如循環之無端，孰能窮之？

譯文

作戰時，以正規軍面對敵軍，以出奇制勝的策略取得勝利。因此，擅長運用「奇」的將帥，其指揮作戰的方法千變萬化，如天地萬物一般變化無窮，如江海一樣奔流不息，周而復始如日月盈虧，生生不息如四季輪迴。

音樂的基本音階不過五個音，但五個音的組合變化，卻能演奏出無窮無盡的旋律；色彩不過五種，但五種顏色互相調和搭配，卻能構成變幻莫測的畫面；味道不過五種，但五味交融，卻能調製出層次豐富、變化無窮的美味。戰爭的基本形勢不外乎「正」、「奇」兩種，但兩者卻能搭配出無窮無盡的戰略戰術。「正」與「奇」的轉換，如同圓環一般，無始無終，誰又能窮盡其中的奧妙呢？

啟示

銀雀山漢簡《奇正》中有一段記載：「形以應形，正也；無形而制形，奇也……」意思是：不論敵我雙方，皆是在現有且公開的條件下相互對抗，這便是「正」。在這種情況下，不論敵方還是我方，都清楚掌握彼此的狀況，因此最多只能達到牽制效果，難以取得決定性勝利。而「無形而制形」則是指根據戰局變化靈活應對，創造出原本不存在的新戰法，使敵人措手不及，這才是真正的「奇」。

日常生活裡，「正」可比作慣性思維，而「奇」則是應變思維，若只依賴慣性思維，就容易陷入僵化與麻木，而若只依賴應變思維，則會變得浮躁與輕率。

總結：法國學者魏立德（Crispin Williams）在《關於〈孫子兵法〉中的數理邏輯》一文中提過一個有趣的觀點，認為「奇」是製造變化的關鍵，奇數加上偶數仍為奇數，而奇數減去奇數則變為偶數。這也呼應了孫子所言，「正」與「奇」相互轉換，變化無窮，成為決定勝負的關鍵因素。

出奇制勝

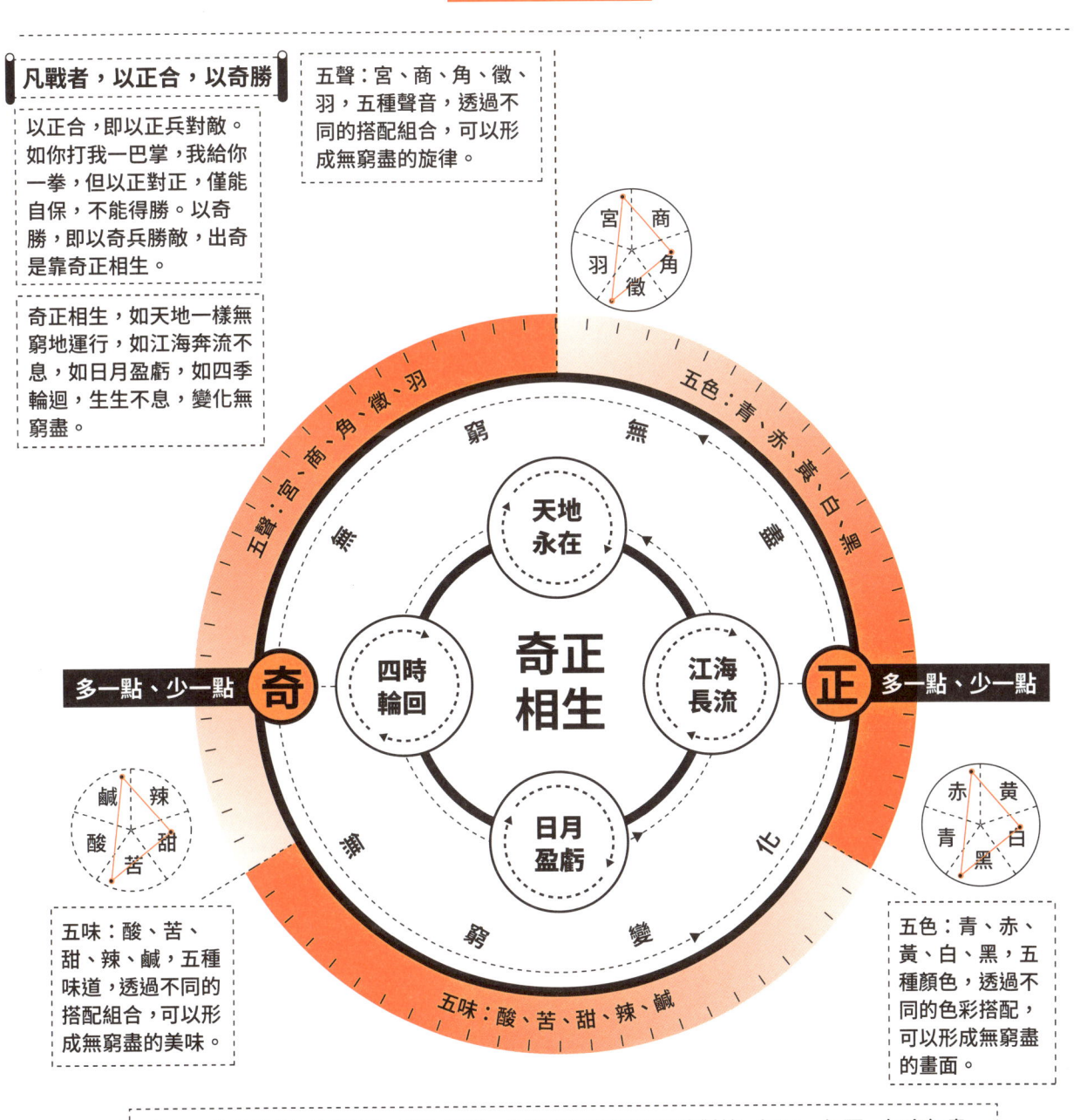

凡戰者，以正合，以奇勝

以正合，即以正兵對敵。如你打我一巴掌，我給你一拳，但以正對正，僅能自保，不能得勝。以奇勝，即以奇兵勝敵，出奇是靠奇正相生。

奇正相生，如天地一樣無窮地運行，如江海奔流不息，如日月盈虧，如四季輪迴，生生不息，變化無窮盡。

五聲：宮、商、角、徵、羽，五種聲音，透過不同的搭配組合，可以形成無窮盡的旋律。

五味：酸、苦、甜、辣、鹹，五種味道，透過不同的搭配組合，可以形成無窮盡的美味。

五色：青、赤、黃、白、黑，五種顏色，透過不同的色彩搭配，可以形成無窮盡的畫面。

奇正相生

- 天地永在
- 四時輪回
- 江海長流
- 日月盈虧

奇 多一點、少一點　　**正** 多一點、少一點

外圈：五聲：宮、商、角、徵、羽　　五色：青、赤、黃、白、黑　　五味：酸、苦、甜、辣、鹹　　無窮無盡變化

奇、正作為勢的兩個因素，相生相剋，會形成無窮盡的戰略對策，如同一個圓，無窮無盡，無始無終，生生不息。

五・兵勢

22 勢險節短

曹操曰：「用兵任勢也。」

原文

激水之疾，至於漂石者，勢也；鷙鳥之疾，至於毀折者，節也。是故善戰者，其勢險，其節短。勢如彍弩，節如發機。

譯文

水勢洶湧且迅猛奔流時，足以沖走水中的石頭，這種隱密且積蓄已久的能量，便是「勢」；鷙鳥迅猛而凌厲地捕殺獵物，關鍵在與距離獵物足夠接近時，突然俯衝下撲，這種攻其不備的做法稱作「節」。因此，善於指揮戰鬥的將帥，首先必須善於營造險峻的形勢；其次，一旦決定出擊，必須迅雷不及掩耳的勇猛出手。驚險的「勢」如拉滿的弓弩，而出擊的速度則如同射出的箭矢。

啟示

前文曾提「奇」與「正」，兩者相生相剋，能夠相互轉換。單純以形制形，只能達到防禦與牽制的效果，難以真正取勝。因此，必須運用奇兵，以「無形而制形」，也就是根據局勢的變化主動創造新的戰略優勢。而「無形而制形」能否成功發揮，需具備兩個關鍵條件：其一是「勢」，如前所述，蓄勢待發的「勢」本身仍舊是「形」。此時應將自己隱藏起來，暗中積聚力量，調整自身狀態，等待最佳時機，如同拉滿弓且等待發射的弓弩。這種隱藏與蓄積的過程，並非漫無目的，而是有方向地積累實力，並牢牢地鎖定目標。如同積水一樣不斷累積，便是「無形」的表現。敵人將無法掌握你的動向，也摸不透你的戰略。

其二是「節」，當力量積蓄完成，也確實隱藏，敵人的一舉一動也已被牢牢掌握，此時就如同拉滿的弓弩，慢慢接近敵人。如鷙鳥一般，先在空中盤旋、觀察獵物，等待最佳時機。當機會來臨時，就要以迅雷不及掩耳之勢出擊，出其不意，攻其不備。

「勢」，累積得越深厚，爆發時就越強勁；「節」，攻擊時越突然、越迅速，衝擊力便會越猛烈。

總結：「勢險節短」，意即積蓄待發的「形」足夠隱蔽，在接近對方後，被釋放出的「勢」才能足夠迅捷。

勢險節短

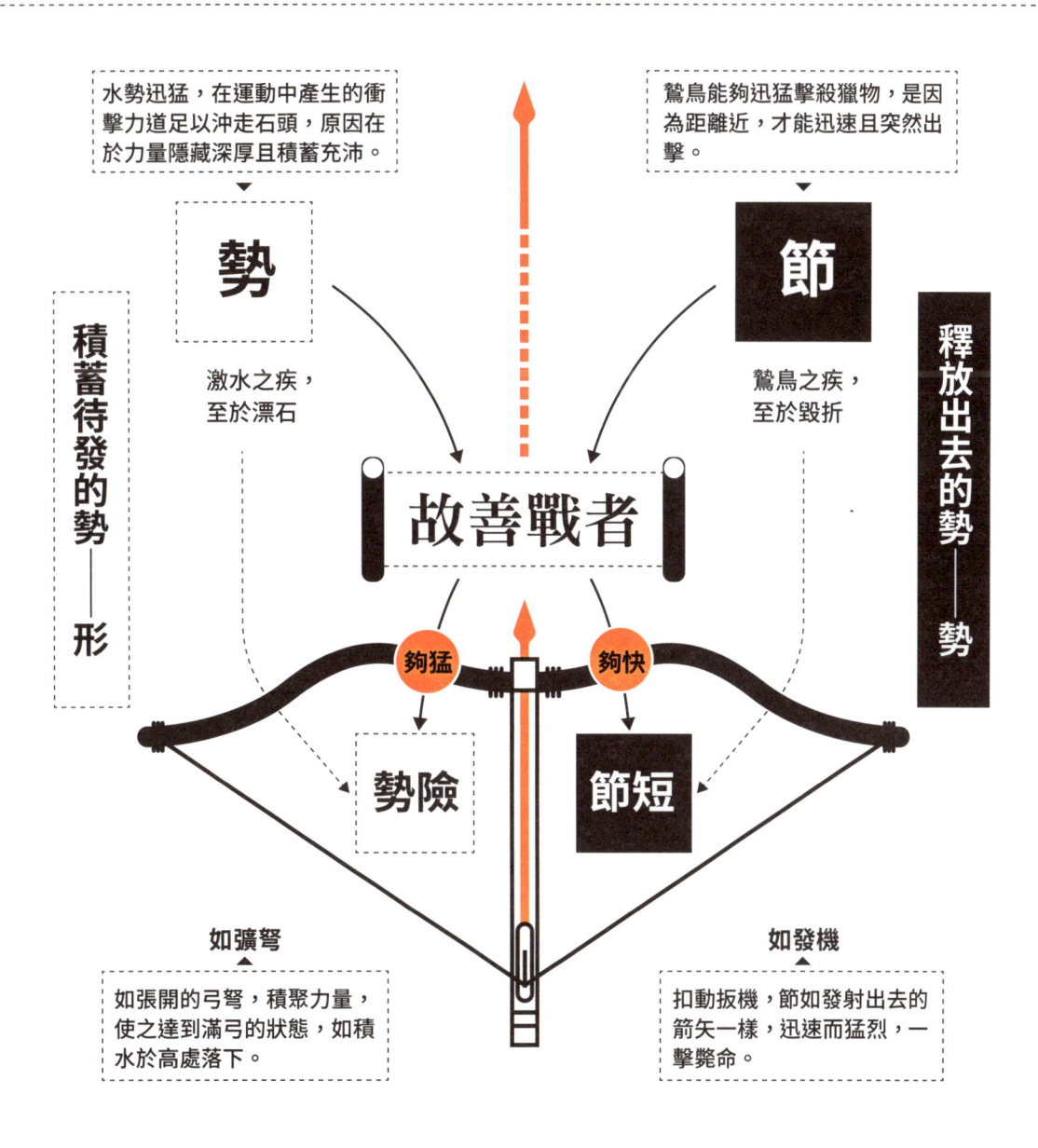

水勢迅猛，在運動中產生的衝擊力道足以沖走石頭，原因在於力量隱藏深厚且積蓄充沛。

鷙鳥能夠迅猛擊殺獵物，是因為距離近，才能迅速且突然出擊。

勢

激水之疾，至於漂石

節

鷙鳥之疾，至於毀折

積蓄待發的勢——形

釋放出去的勢——勢

故善戰者

夠猛 → 勢險

夠快 → 節短

如彍弩
如張開的弓弩，積聚力量，使之達到滿弓的狀態，如積水於高處落下。

如發機
扣動扳機，節如發射出去的箭矢一樣，迅速而猛烈，一擊斃命。

五・兵勢

23 對立轉化
曹操曰:「用兵任勢也。」

原文

紛紛紜紜,鬥亂而不可亂也;渾渾沌沌,形圓而不可敗也。亂生於治,怯生於勇,弱生於強。治亂,數也;勇怯,勢也;強弱,形也。

譯文

戰場上旌旗紛雜,在混亂的情勢下作戰,必須保持冷靜,不能因此亂了陣腳;當戰場上人馬奔馳、戰車疾駛,使人目不暇給、無法看清局勢時,嚴格遵循戰術陣法,就能避免陷入敗局。

混亂源於嚴整的失控,怯懦源於勇氣的衰退,軟弱則源於強盛的削減。維持嚴整還是陷入混亂,取決於軍隊編制的好壞(依靠「數」的管理);勇敢還是怯懦,則取決於戰場態勢的優劣(依靠「勢」的掌控);至於強盛與軟弱,則取決於雙方實力的對比(依靠「形」的展現)。

啟示

矛盾對立的事物具有相互轉化的可能,轉化之前是平衡狀態,而轉化的過程則是不平衡狀態。歷史學家李零教授曾指出,「奇正」中的奇也是一種不平衡,運用奇策便是打破均衡局勢。孫子在此所描述的對立關係,如混亂源自嚴整、怯懦源自勇氣、軟弱源自強盛,正是一種相互轉換的規律。這種思想在現代也已被科學所驗證——即「熵增法則」,是宇宙發展的一般規律。

日常生活與工作中,可以藉由主動干預來改變自身狀態。例如,透過設立鬧鐘,打破習慣賴床的習性;藉由主動學習,克服人好逸惡勞之本性。

總結:對於個人而言,持續成長與發展,就是不斷地「治」與自我管理的過程。

對立轉化

紛紛紜紜,鬥亂而不可亂也 | **渾渾沌沌,形圓而不可敗也**

曹操：旌旗亂也,示敵若亂,以金鼓齊之。卒騎轉而形圓者,出入有道,齊整也。

旌旗紛紛紜紜,混戰之中不亂陣腳 | 戰場渾渾沌沌,依形而戰不會潰敗

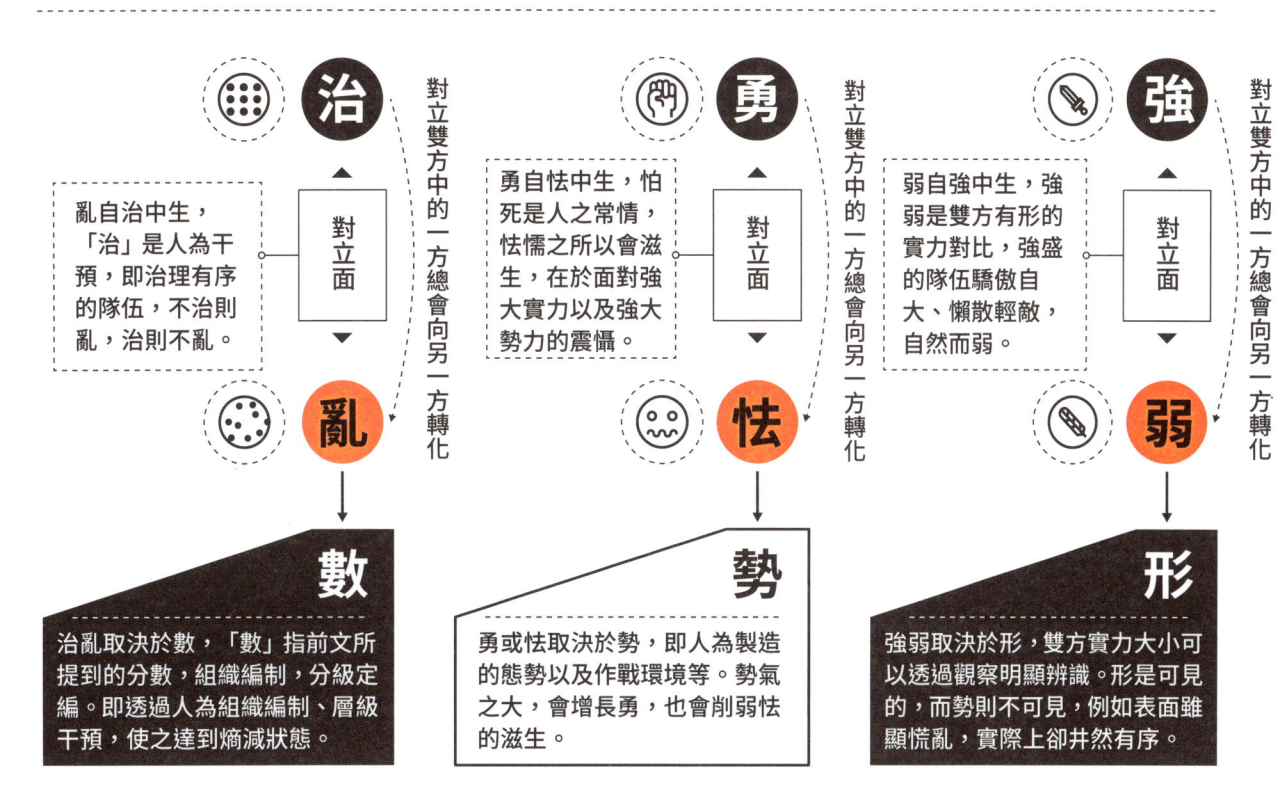

治 ⇄ 亂

亂自治中生,「治」是人為干預,即治理有序的隊伍,不治則亂,治則不亂。

對立雙方中的一方總會向另一方轉化

數
治亂取決於數,「數」指前文所提到的分數,組織編制,分級定編。即透過人為組織編制、層級干預,使之達到熵減狀態。

勇 ⇄ 怯

勇自怯中生,怕死是人之常情,怯懦之所以會滋生,在於面對強大實力以及強大勢力的震懾。

對立雙方中的一方總會向另一方轉化

勢
勇或怯取決於勢,即人為製造的態勢以及作戰環境等。勢氣之大,會增長勇,也會削弱怯的滋生。

強 ⇄ 弱

弱自強中生,強弱是雙方有形的實力對比,強盛的隊伍驕傲自大、懶散輕敵,自然而弱。

對立雙方中的一方總會向另一方轉化

形
強弱取決於形,雙方實力大小可以透過觀察明顯辨識。形是可見的,而勢則不可見,例如表面雖顯慌亂,實際上卻井然有序。

047

五・兵勢

24 以假亂真

曹操曰：「用兵任勢也。」

原文

故善動敵者，形之，敵必從之；予之，敵必取之。以利動之，以卒待之。故善戰者，求之於勢，不責於人，故能擇人而任勢。

譯文

因此，善於調動敵軍的將帥，往往會故意製造一些假象來迷惑對手，使敵人受到牽制；他們會投其所好，引誘敵人落入圈套，讓敵人因自身的欲望而犯錯。以小利去勾起敵軍的貪念，再以重兵設下埋伏來收拾敵人。因此，善於指揮作戰的人，深知人性難以捉摸，不能單純依靠人心，反而要依靠「勢」。關鍵在於營造有利的態勢，而不是寄望於人性。

啟示

《六韜》以太公釣魚的故事作為開篇，說明釣魚和「求才」是差不多的。太公曰：「釣有三權：祿等以權，死等以權，官等以權。夫釣以求得也，其情深，可以觀大矣。」意思是說，「求才」要靠這三種權術：第一種是用厚祿來收買人心、吸引人才；第二種用重金來招攬勇士，激勵其為己所用；第三種是以官職來拉攏人才。這些手段皆基於人性，但人性本就不可靠，因此孫子特別強調「勢」的重要性。

《韓非子》中也曾提過，應當摒棄人的爭強好勝與自以為是，轉而依靠「道、法、術、勢」。掌握「勢」，能穩定局勢並減緩混亂，這並非絕對的穩定，而是一種「熵減」的過程，透過策略性干預來降低混亂的速度。當一方的熵減幅度大於對手時，便能逐步壓制對方，勝利的機率也隨之升高。

總結：凡事都可從兩個面去思考，「勢」可以激發人性的發展；反之，「勢」也能夠抑制人性的發展。

以假亂真

姜太公釣魚，願者上鉤。太公說，釣魚和「釣人」差不多。

形之，敵必從之
故意製造假象暴露給敵人，讓敵人信以為真，上當受騙。

予之，敵必取之
餌兵
用餌兵引誘敵人，給予其利，使敵人因貪利而犯錯誤。

以利動之，以卒待之
用小利撬動敵人的欲望，誘而使之出動，重兵途中設埋伏，收拾掉敵人。

示形於敵，調動敵人——勢

基於人性的弱點來壓制敵人

故善戰者，求之於勢，不責於人，故能擇人而任勢。

人性靠不住，不能依靠人，因此求勢不求人。

亂 → 怯 → 弱
得勢則不亂　得勢則不怯　得勢則不弱

五・兵勢

25 如轉木石

曹操曰：「用兵任勢也。」

原文

任勢者，其戰人也，如轉木石。木石之性，安則靜，危則動，方則止，圓則行。故善戰人之勢，如轉圓石於千仞之山者，勢也。

譯文

善於運用「勢」的將帥，在指揮軍隊作戰時，就如同推動木頭或石頭滾動一樣。木頭和石頭的特性是，放在平坦的地方便會靜止不動；若置於陡峭的斜坡上則會滾動。此外，方形的物體不易滾動，圓形的則較容易滾動（此處暗指萬物皆有其特性，如何運用才是關鍵。該靜止時，不能將其置於斜坡上；該移動時，則不能放在平坦之處。人性能夠透過適當的方式加以調動，但「山勢」，及外部環境，並非隨時都能符合需求，因此關鍵在於如何營造有利的「山勢」）。因此，善於指揮作戰的將領，總能營造出如同圓石從千丈高山上滾落般的強大態勢，讓戰局向有利的方向發展。

啟示

〈兵勢篇〉開篇討論了軍隊兵力的多寡如何分配（眾寡之用），以及兵力如何靈活調度與組合變化（分合之變）。其中，「形」代表整體態勢的累積與得失（即優劣判斷），「勢」則是根據當下戰局所把握的進退時機。先有「形」，後有「勢」，「形」是累積的過程，「勢」則是發動攻勢的關鍵時刻。

值得注意的是，累積的過程就如同走路一般，不能只低頭埋首前進，否則容易陷入主觀思想而忽略大局；也不能只顧抬頭遠望，否則會分散精力。行走時，需低頭專注腳下，踏實累積實力；抬頭望準目標，確保行進的方向正確，如此方能走穩、走遠。

奇正相生，變化無窮，若應用於個人身上，「正」代表固定思維模式，「奇」則象徵創新的思考方式。我們可運用「奇」來突破「正」，在破除固有模式的同時實現成長。而當「奇」逐漸被接受、內化為新的「正」，這一過程便會持續循環，推動發展，生生不息。

孫子在〈軍形篇〉提到：「若決積水於千仞之溪者，形也。」在〈兵勢篇〉則提到：「如轉圓石於千仞之山者，勢也。」前者重點在於「積」，關鍵在於長期累積；後者則著重於「機」（山勢），關鍵在於順應態勢。

總結：《孫子兵法》以木石之性比作人性，以高山之勢比作有利態勢。順勢而為，利用自然之勢，而非單純依靠人性。

如轉木石

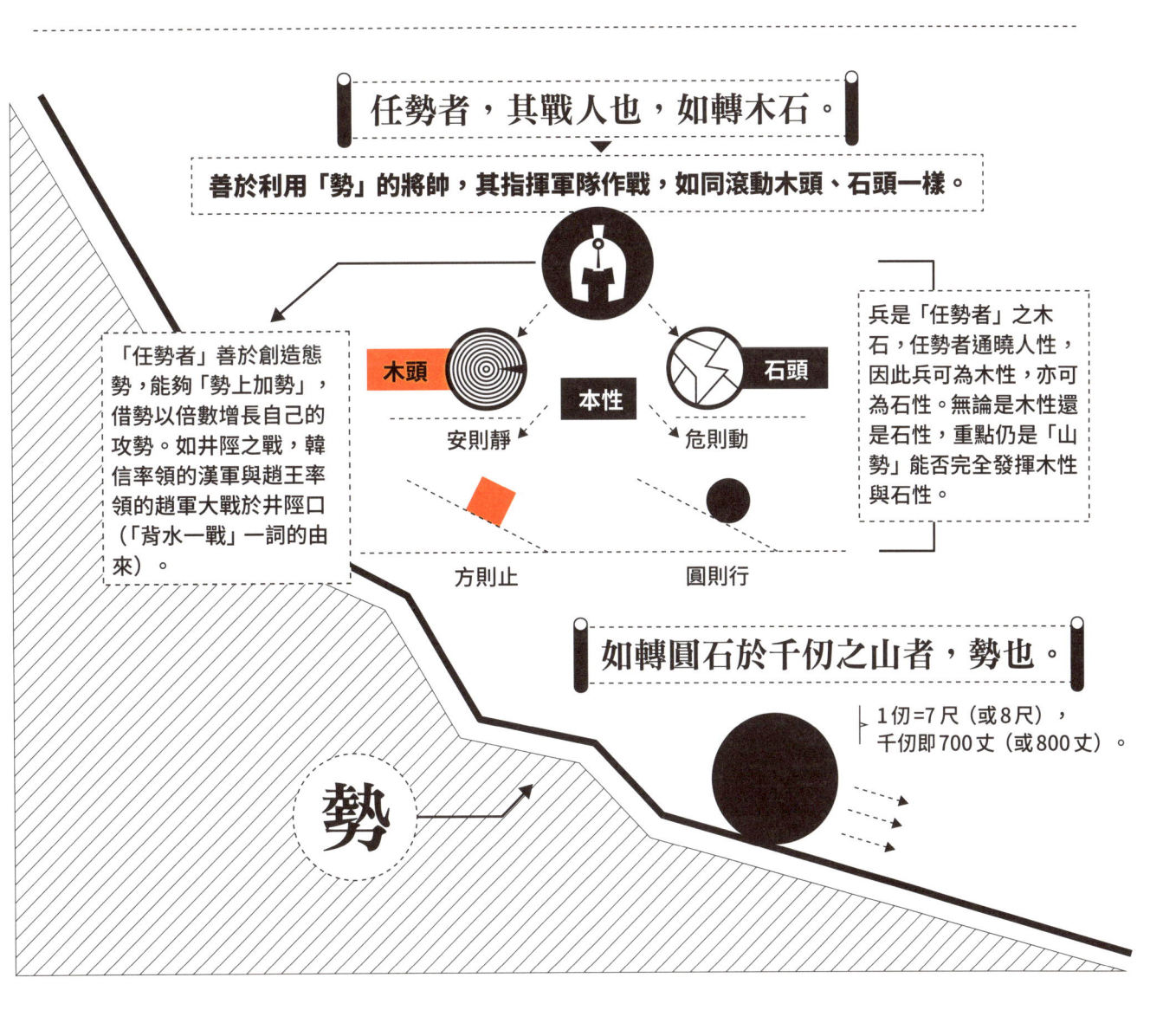

任勢者，其戰人也，如轉木石。

善於利用「勢」的將帥，其指揮軍隊作戰，如同滾動木頭、石頭一樣。

「任勢者」善於創造態勢，能夠「勢上加勢」，借勢以倍數增長自己的攻勢。如井陘之戰，韓信率領的漢軍與趙王率領的趙軍大戰於井陘口（「背水一戰」一詞的由來）。

木頭 — 本性 — 石頭
- 安則靜
- 危則動
- 方則止
- 圓則行

兵是「任勢者」之木石，任勢者通曉人性，因此兵可為木性，亦可為石性。無論是木性還是石性，重點仍是「山勢」能否完全發揮木性與石性。

如轉圓石於千仞之山者，勢也。

1仞=7尺（或8尺），千仞即700丈（或800丈）。

勢

26 致人而不致於人

六・虛實

曹操曰:「能虛實彼己也。」

原文

孫子曰：凡先處戰地而待敵者佚，後處戰地而趨戰者勞。故善戰者，致人而不致於人。能使敵人自至者，利之也；能使敵人不得至者，害之也。故敵佚能勞之，飽能飢之，安能動之。

譯文

孫子說：先抵達作戰區域的一方，因擁有充裕的時間進行準備，因此能夠以逸待勞。後抵達作戰區域的一方，因長途奔波趕赴戰場，往往因勞累而影響實力。因此，善於指揮作戰的將領，能夠掌握主動權，調動敵軍，而不讓自己受制於敵人。

若想讓敵軍主動進入我方設下的作戰區域，就必須以利誘之；而要阻止敵軍無法抵達或者延後抵達目的地區域，則須設置障礙，使其難以前行。如此一來，當敵軍精力充沛時，可設法使其奔波勞累；當敵軍糧草充足時，可採取戰略使其陷入斷糧困境；當敵軍駐紮穩固、固守城池時，則可運用計策迫使其主動出城應戰。

啟示

凡事皆有先後順序，戰略博弈更是如此。掌握主動權，便是奪取先機，「占位」則是其中的關鍵，例如「挾天子以令諸侯」就是一種戰略性占位。我軍可以殲滅敵軍的有效戰力，使其兵力無法支撐原有戰略位置，迫使敵方喪失優勢，進而由守轉攻，將敵軍陷於不利局面。

此外，在博弈過程中，還可引入第三方勢力，將雙方對峙轉為三方角力，以創造「坐收漁翁之利」的局勢，是占位思維的延伸。藉由引入第三方勢力，就能為己方創造新的戰略優勢與立足點。

總結：掌握主動權便能處處搶占先機，形成「強者恆強」的局勢。即使對手才能出眾，最終也只能疲於追趕。

致人而不致於人

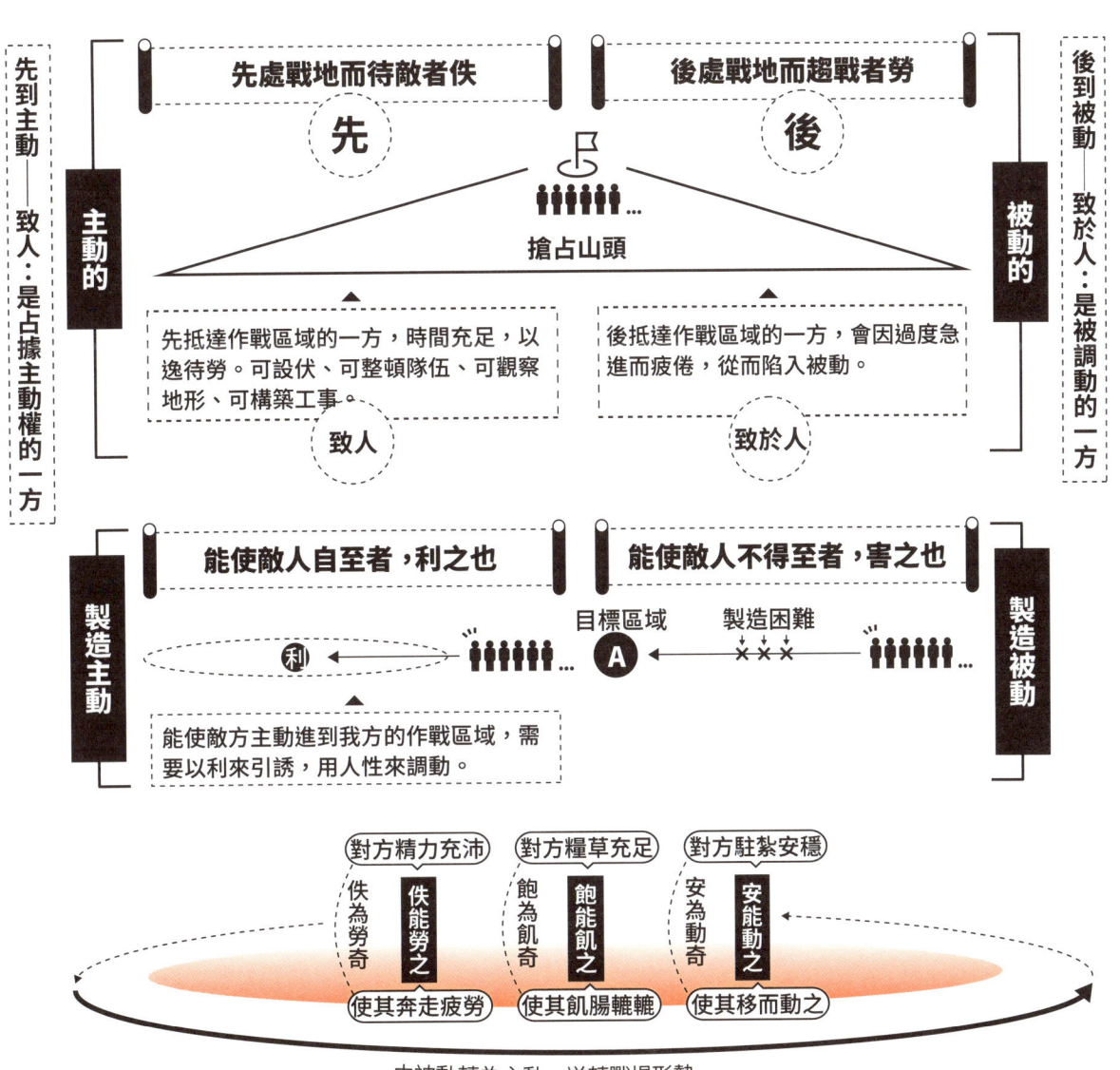

先到主動 — 致人：是占據主動權的一方

後到被動 — 致於人：是被調動的一方

先處戰地而待敵者佚（先 / 主動的）

搶占山頭

先抵達作戰區域的一方，時間充足，以逸待勞。可設伏、可整頓隊伍、可觀察地形、可構築工事。

致人

後處戰地而趨戰者勞（後 / 被動的）

後抵達作戰區域的一方，會因過度急進而疲倦，從而陷入被動。

致於人

能使敵人自至者，利之也（製造主動）

能使敵方主動進到我方的作戰區域，需要以利來引誘，用人性來調動。

能使敵人不得至者，害之也（製造被動）

目標區域 A ← 製造困難

- （對方精力充沛）**佚能勞之** 佚為勞奇 → 使其奔走疲勞
- （對方糧草充足）**飽能飢之** 飽為飢奇 → 使其飢腸轆轆
- （對方駐紮安穩）**安能動之** 安為動奇 → 使其移而動之

由被動轉為主動，逆轉戰場形勢

053

六·虛實

27 乘虛而入

曹操曰：「能虛實彼己也。」

原文

出其所不趨，趨其所不意。行千里而不勞者，行於無人之地也。攻而必取者，攻其所不守也。守而必固者，守其所不攻也。

譯文

進攻敵人來不及抵達的地方，朝敵人意想不到的地方急行。之所以能行千里而不覺疲勞，關鍵在於所選擇的行軍路線出人意料，避開了敵人的阻攔。能確保攻擊必定獲勝，是因為選擇進攻的目標防禦薄弱，甚至毫無防備；能夠保證防守穩固，是因為防禦的位置正是敵人不會進攻的地方。

啟示

這段文字隱含了三大啟示。啟示一：〈始計篇〉中提到「出其不意，攻其無備」，這是我方的戰略作戰原則。然而，若敵人採取同樣策略時，我方應當「守其所不攻」，確保自身不陷入被動。《孫子兵法》先闡述了我方的作戰方式，隨後強調我方也應當注意防禦策略。

啟示二：避實擊虛，所有行動的核心原則都是「先從容易之處著手」，再逐步推進，便能引發連鎖反應。大家往往會忽略行軍路線的重要性，因為這是動態的過程，難以直觀掌握。

啟示三：行軍是戰略布局的連接線，決定戰局的完整性並形成「勢」。行軍速度會直接影響戰場的主導權，與「占位」息息相關；行軍的效率與節奏則決定了軍隊占據有利位置的先後順序。

總結：軍事家的作戰原則之一，是優先攻擊分散與孤立的敵軍，再對抗集中與強大的敵人，即避實擊虛的策略。

乘虛而入

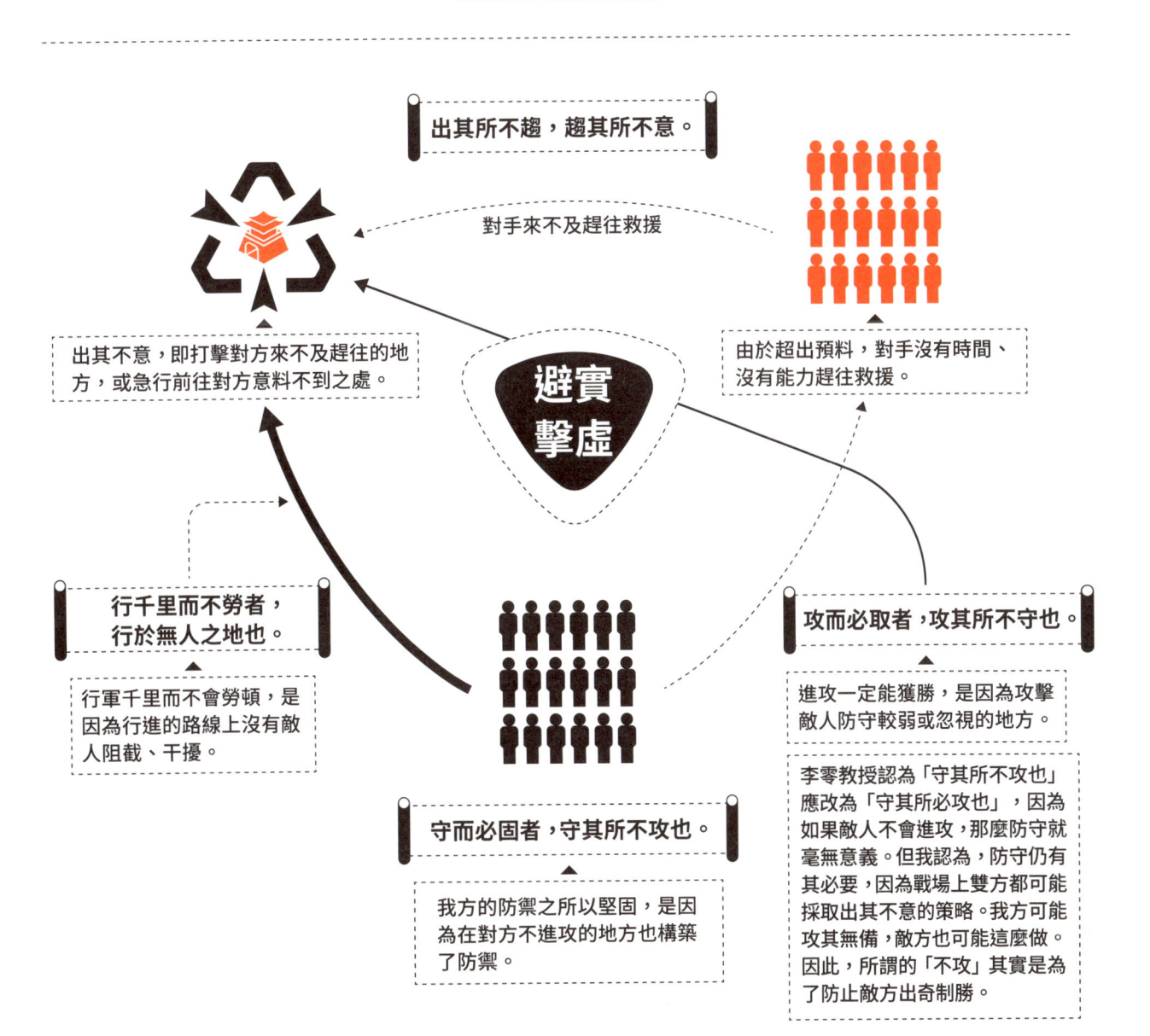

出其所不趨,趨其所不意。

對手來不及趕往救援

出其不意,即打擊對方來不及趕往的地方,或急行前往對方意料不到之處。

由於超出預料,對手沒有時間、沒有能力趕往救援。

避實擊虛

行千里而不勞者,行於無人之地也。

行軍千里而不會勞頓,是因為行進的路線上沒有敵人阻截、干擾。

攻而必取者,攻其所不守也。

進攻一定能獲勝,是因為攻擊敵人防守較弱或忽視的地方。

守而必固者,守其所不攻也。

我方的防禦之所以堅固,是因為在對方不進攻的地方也構築了防禦。

李零教授認為「守其所不攻也」應改為「守其所必攻也」,因為如果敵人不會進攻,那麼防守就毫無意義。但我認為,防守仍有其必要,因為戰場上雙方都可能採取出其不意的策略。我方可能攻其無備,敵方也可能這麼做。因此,所謂的「不攻」其實是為了防止敵方出奇制勝。

055

六・虛實

28 無形無聲

曹操曰：「能虛實彼己也。」

原文

故善攻者，敵不知其所守；善守者，敵不知其所攻。微乎微乎，至於無形；神乎神乎，至於無聲，故能為敵之司命。

譯文

善於進攻的將帥，能使對方不知道該如何防守（對應前文所提的「攻其所不守」）；善於防禦的將帥，則能使對方找不到合適的進攻方式（對應前文所提的「守其所不攻」）。這樣的戰術真是微妙至極，對方根本看不到任何跡象，也聽不到任何聲音，因此可以完全主宰對方的命運。

啟示

善於進攻的人，往往會避開對方防守的重點，攻擊其薄弱之處。「善攻者攻人不備」，從攻方的角度看，對方肯定會有漏洞與弱點，這些漏洞便是所謂的虛，意即應該攻擊的地方。反之，善於防守的人會以實備虛，即〈軍形篇〉中所提的「先為不可勝」，從攻方的角度看，如果守方沒有漏洞或弱點，攻方就無從下手。這是因為守方「先為不可勝」，先行消除了自身的劣勢與弱點，此為「實」。

另一方面，「虛」也可以指對守方而言，攻方無法察覺、無形無聲、無影無蹤的存在，意指對方神出鬼沒，那麼攻方則變為「虛」，守方則變為「實」。「虛」與「實」不會單獨存在，如同「形」與「勢」、「奇」與「正」的關係。

在《唐太宗李衛公問對》中，李靖認為「奇正」是用來探「虛實」的手段。李零教授則認為此說法不完全準確，但奇正確實是虛實的基礎，這點是不可否認的。

總結：無聲、無形並不神奇，真正的精妙之處在於「先為不可勝」、在於「避實擊虛」、「以實備虛」，最終能夠發揮靈活應變能力。

無形無聲

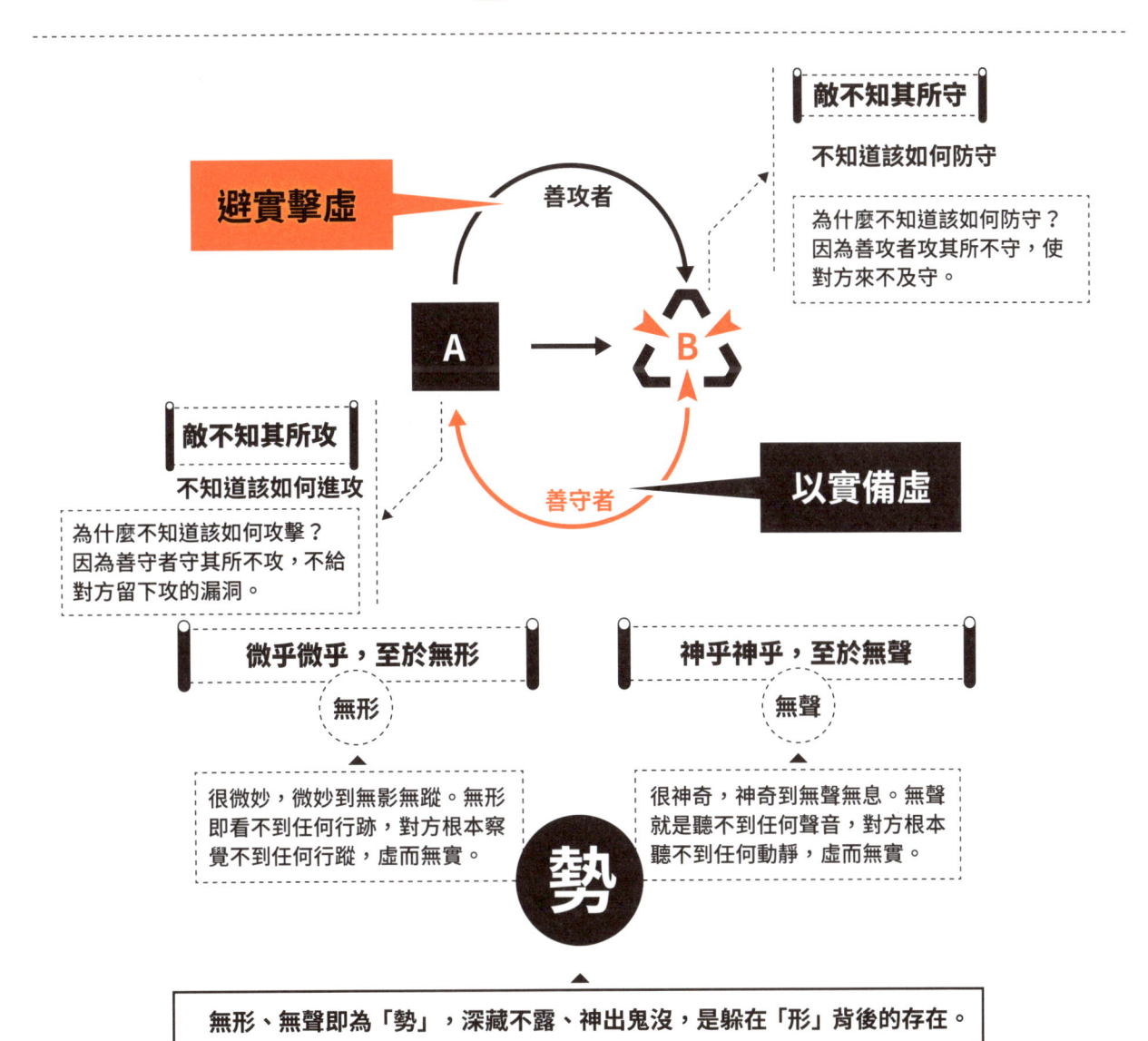

避實擊虛 → 善攻者

敵不知其所守
不知道該如何防守

為什麼不知道該如何防守？因為善攻者攻其所不守，使對方來不及守。

A → B

敵不知其所攻
不知道該如何進攻

為什麼不知道該如何攻擊？因為善守者守其所不攻，不給對方留下攻的漏洞。

善守者 ← **以實備虛**

微乎微乎，至於無形
無形

很微妙，微妙到無影無蹤。無形即看不到任何行跡，對方根本察覺不到任何行蹤，虛而無實。

神乎神乎，至於無聲
無聲

很神奇，神奇到無聲無息。無聲就是聽不到任何聲音，對方根本聽不到任何動靜，虛而無實。

勢

無形、無聲即為「勢」，深藏不露、神出鬼沒，是躲在「形」背後的存在。

六·虛實

29 衝其虛也

曹操曰：「能虛實彼己也。」

原文

　　進而不可禦者，衝其虛也；退而不可追者，速而不可及也。故我欲戰，敵雖高壘深溝，不得不與我戰者，攻其所必救也；我不欲戰，畫地而守之，敵不得與我戰者，乖其所之也。

譯文

　　當我方進攻時，對方防禦失敗，其防禦系統崩潰的原因在於我方攻擊了對方最薄弱的地方（即對方的要害或軟肋）；而當我方撤退時，對方追擊失敗，原因在於我方早已撤退至對方無法追趕的範圍。所以，當我方想要發起攻擊時，對方即使擁有高壘深溝的防守，也不得不與我應戰，因為我方攻擊的是對方的弱點；反之，當我方不想作戰時，即使是畫地為牢的防守，對方也不敢貿然進攻，因為我方已經設法改變了敵軍的進攻方向。

啟示

　　我想攻擊對手時，會針對其要害下手，使其一方面防不勝防，另一方面不得不出馬防禦其弱點；這就如同射箭先射馬、擒賊先擒王，是雙方博弈中的常規。使對手防不勝防的關鍵在於，我方採取「避實擊虛」的策略，精準識破敵方的痛點並予以打擊。當然，所謂的痛點也有輕重之分。如果我方攻擊對手的次要痛點，對手可能無動於衷，那麼我方便可以改為攻擊更大的痛點，直到對手無力回天。這種作戰模式顯示出我方已經掌握整個戰場的主動權，體現出「致人而不致於人」（掌握敵人，同時不讓自己受制於敵）的重要性。

> 總結：每個人都具備「虛與實」，但關鍵不在於是否具備「虛與實」，而在於能否識別出「虛與實」。

衝其虛也

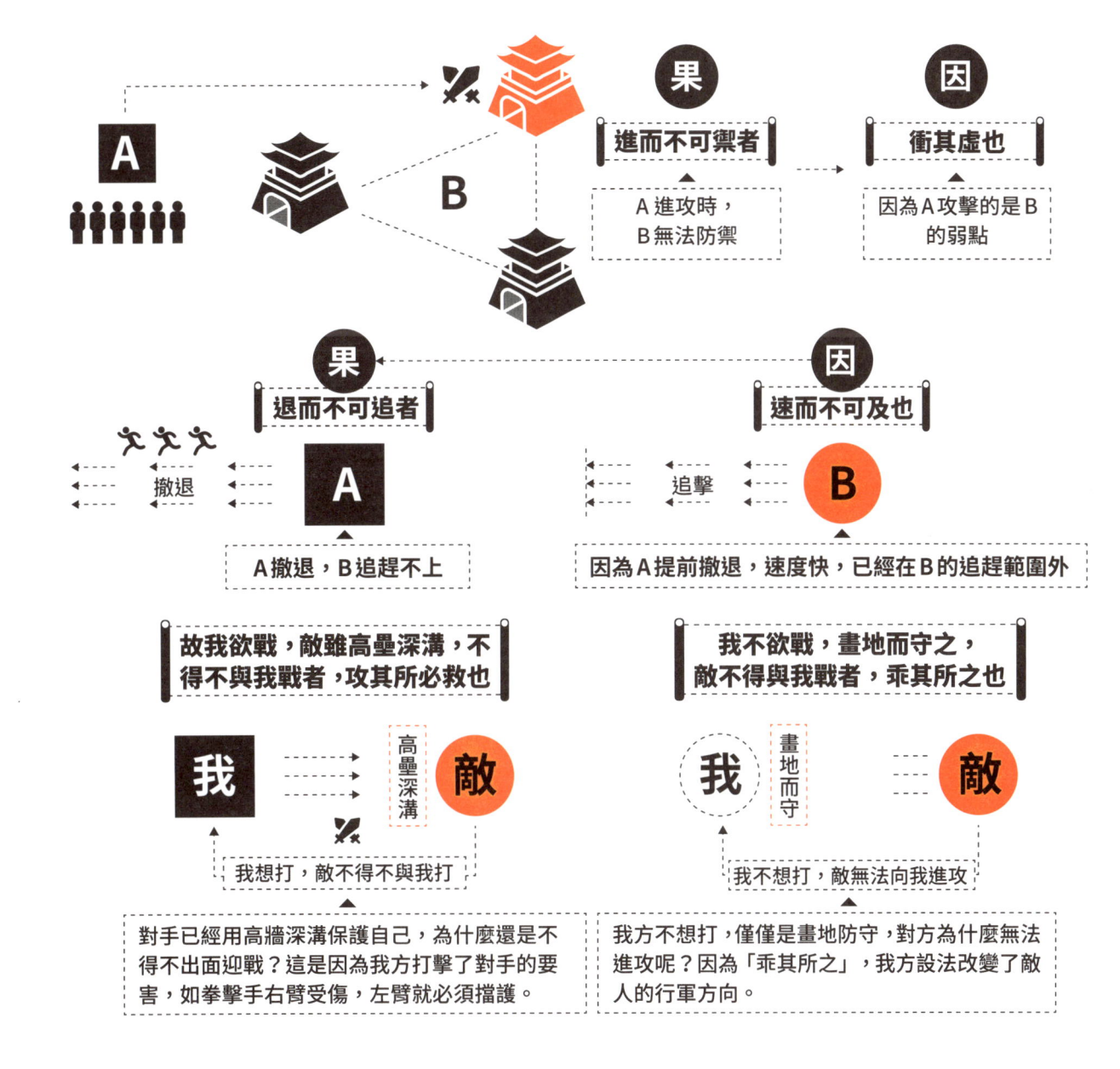

果	因
進而不可禦者	衝其虛也
A進攻時，B無法防禦	因為A攻擊的是B的弱點

果	因
退而不可追者	速而不可及也
A撤退，B追趕不上	因為A提前撤退，速度快，已經在B的追趕範圍外

故我欲戰，敵雖高壘深溝，不得不與我戰者，攻其所必救也

我想打，敵不得不與我打

對手已經用高牆深溝保護自己，為什麼還是不得不出面迎戰？這是因為我方打擊了對手的要害，如拳擊手右臂受傷，左臂就必須擋護。

我不欲戰，畫地而守之，敵不得與我戰者，乖其所之也

我不想打，敵無法向我進攻

我方不想打，僅僅是畫地防守，對方為什麼無法進攻呢？因為「乖其所之」，我方設法改變了敵人的行軍方向。

六・虛實

30 形人而我無形

曹操曰：「能虛實彼己也。」

原文

故形人而我無形，則我專而敵分。我專為一，敵分為十，是以十攻其一也，則我眾而敵寡。能以眾擊寡者，則吾之所與戰者，約矣。吾所與戰之地不可知，不可知，則敵所備者多。敵所備者多，則吾所與戰者，寡矣。

譯文

透過各種手段使敵人暴露自身情況，同時不讓對方了解我方的動向（因為我方的「奇」、「正」、「虛」、「實」變化無常，對方無法預測我方如何進攻，或是攻擊哪裡），如此一來，我方便能集中兵力，而對方則不得不分散兵力。我方兵力集中於一處，而對方的兵力不得不分散於十處，就等於我方以多於敵方十倍的兵力攻擊對方。形成了我眾敵寡的局勢，自然有利於我方（〈謀攻篇〉提過「十則圍之」，十倍於敵，就可包圍對方）。當我方以多擊少時，敵方的實力便顯得相對薄弱。當敵方不知道我方的進攻方向時，敵方就必須在各個地方防範。防守的範圍一旦增加並且分散，我方就能減少進攻處的敵方防守力量。

啟示

〈謀攻篇〉中提到，用兵的法則在於「十則圍之，五則攻之，倍則分之」，其基礎仍在於運用「奇」、「正」、「虛」、「實」的變化。前文提到《唐太宗李衛公問對》中，李靖認為奇正是用來探虛實的，奇正是虛實的基礎，有奇正的思維，才能探出虛實，即「形人而我無形」，透過運用虛實變化來掌握戰爭的主動權。前文講述「致人而不致於人」，此處則講述「形人而我無形」，等同於「形人而不形於人」——使對方有形（暴露動向），而我方則保持無形。

總結：正可變奇、奇可轉正，虛與實、真與假交替變化，便能使對方看不清楚你的目的，也無法理解你的意圖。

形人而我無形

形人而我無形，則我專而敵分

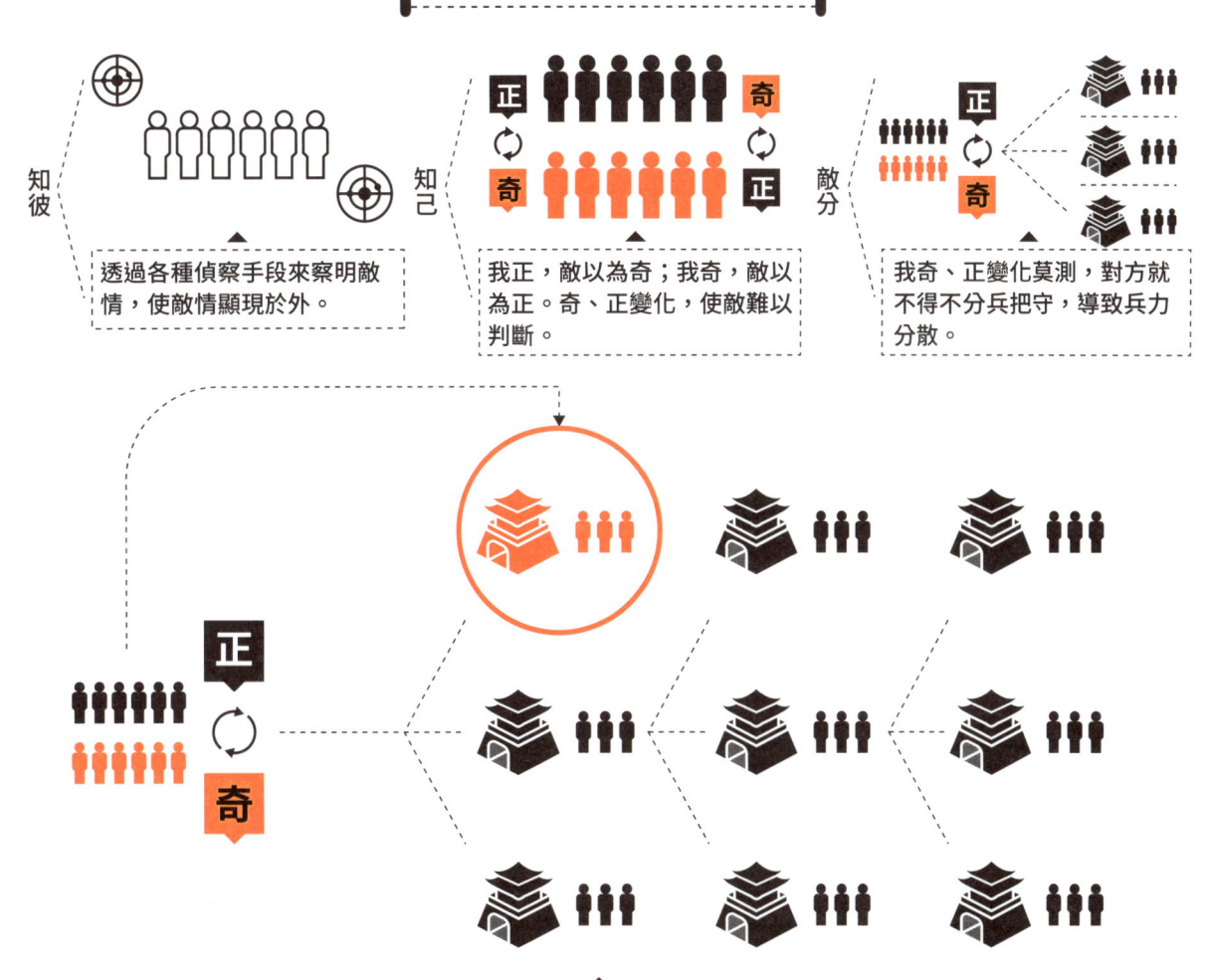

知彼：透過各種偵察手段來察明敵情，使敵情顯現於外。

知己：我正，敵以為奇；我奇，敵以為正。奇、正變化，使敵難以判斷。

敵分：我奇、正變化莫測，對方就不得不分兵把守，導致兵力分散。

我方集中兵力於「一處」，對方則因我方奇、正、虛、實之變化而分散防守，便形成我眾敵寡的局勢。

061

六・虛實

31 眾寡之用
曹操曰：「能虛實彼己也。」

原文

故備前則後寡，備後則前寡，備左則右寡，備右則左寡，無所不備，則無所不寡。寡者，備人者也；眾者，使人備己者也。

譯文

因此，集中兵力防備前方時，後方就會顯得薄弱；當防備後方時，前方的兵力就會變得薄弱；防備左方，右方防禦力就會減弱；防備右方，則左方防禦力就會減弱。如果各個方向都防備，那麼每個方向的兵力都會變得單薄。「寡者」指的是兵力分散、只能被動防禦的弱勢一方；「眾者」則是兵力強大，讓敵方不得不防備的強勢一方。

啟示

延續上篇「奇正」、「虛實」的運用，透過「形人而我無形」，便能使對方分身乏術，無法兼顧。曹操曾說：「形藏敵疑，則分離其眾以備我也」，即透過隱藏自身軌跡，讓敵軍疑慮不安，進而被迫分散兵力進行防備。我方就能用「虛實之刀」擾亂敵軍的戰略系統，使其疲於奔命、無所不備，處處受制且只能被動應對。

許多哲學家與思想家的思想理論也都蘊含這種思維，例如笛卡兒（René Descartes）的分析方法便是將問題拆解成若干部分，如同切豆腐塊般切成小塊，再逐一解決。因此，關鍵在於創造對自身有利的前提條件，若無法發揮「奇正」與「虛實」，就無法達成「分割對手、各個擊破」的戰略效果。

總結：本篇充分展現了「先機」的重要性，一旦失去先機，就不得不嘗天下「苦膽」，只能被動防守，最終陷入四處受敵、無力回天的困境。

眾寡之用

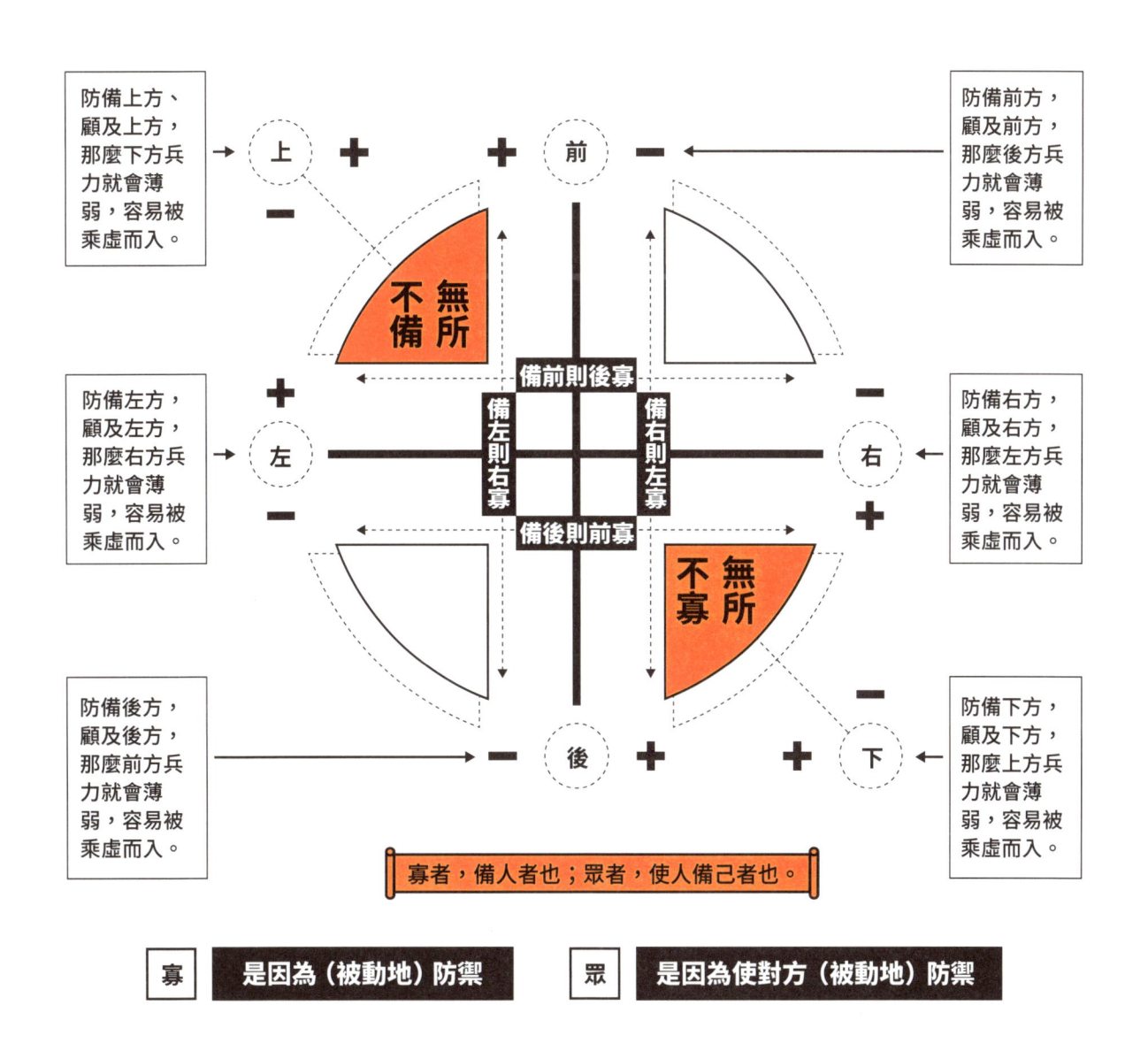

位置	說明

防備上方、顧及上方，那麼下方兵力就會薄弱，容易被乘虛而入。

防備前方，顧及前方，那麼後方兵力就會薄弱，容易被乘虛而入。

防備左方，顧及左方，那麼右方兵力就會薄弱，容易被乘虛而入。

防備右方，顧及右方，那麼左方兵力就會薄弱，容易被乘虛而入。

防備後方，顧及後方，那麼前方兵力就會薄弱，容易被乘虛而入。

防備下方，顧及下方，那麼上方兵力就會薄弱，容易被乘虛而入。

不備 無所

備前則後寡
備左則右寡
備右則左寡
備後則前寡

不寡 無所

寡者，備人者也；眾者，使人備己者也。

| 寡 | 是因為（被動地）防禦 |
| 眾 | 是因為使對方（被動地）防禦 |

063

六·虛實

32 知天知地

曹操曰：「能虛實彼己也。」

原文

故知戰之地，知戰之日，則可千里而會戰；不知戰地，不知戰日，則左不能救右，右不能救左，前不能救後，後不能救前，而況遠者數十里，近者數里乎？以吾度之，越人之兵雖多，亦奚益於勝哉？

譯文

如果能夠事先預測戰爭發生的時間與地點，即使是遠在千里之外，也能趕赴戰場；但如果無法預測交戰的時間與地點，一旦戰事爆發，無論是左右兩翼，或是前後方，都難以相互支援救助，更何況戰場上距離遙遠者可能長達數十里，較近者亦有數里之隔。因此，綜合上述推測分析，儘管越國的軍隊人數眾多，也不影響兵力較少的一方取得勝利。

啟示

本篇闡述「天時」與「地利」的可預測性，是「致人而不致於人」的重要前提。擁有這種預測能力便能搶占先機。

〈虛實篇〉開篇便以「奇正」為基礎來探查「虛實」，並進一步運用「奇正」與「虛實」達成乘虛而入、無形無聲的戰術效果，如「衝其虛也，並形人而我無形」。同時，透過「奇正」和「虛實」，實現兵力調配及切割敵軍，充分展現「致人而不致於人」的戰略思維。而上述戰術的前提，正是「知彼知己」，即「知人」。

本篇所提到的「知戰之地」、「知戰之日」，正是「知天知地」，這與〈地形篇〉中所提到的「知勝」息息相關。〈地形篇〉指出：「知彼知己，勝乃不殆；知天知地，勝乃可全。」這說明僅僅掌握敵我雙方情勢雖可降低戰敗風險，但進一步掌握天時地利，才能確保完全勝利。

總結：充分了解敵人與自身的情況，戰爭便有勝算；若進一步掌握天時與地利，那麼勝利便可萬無一失。

知天知地

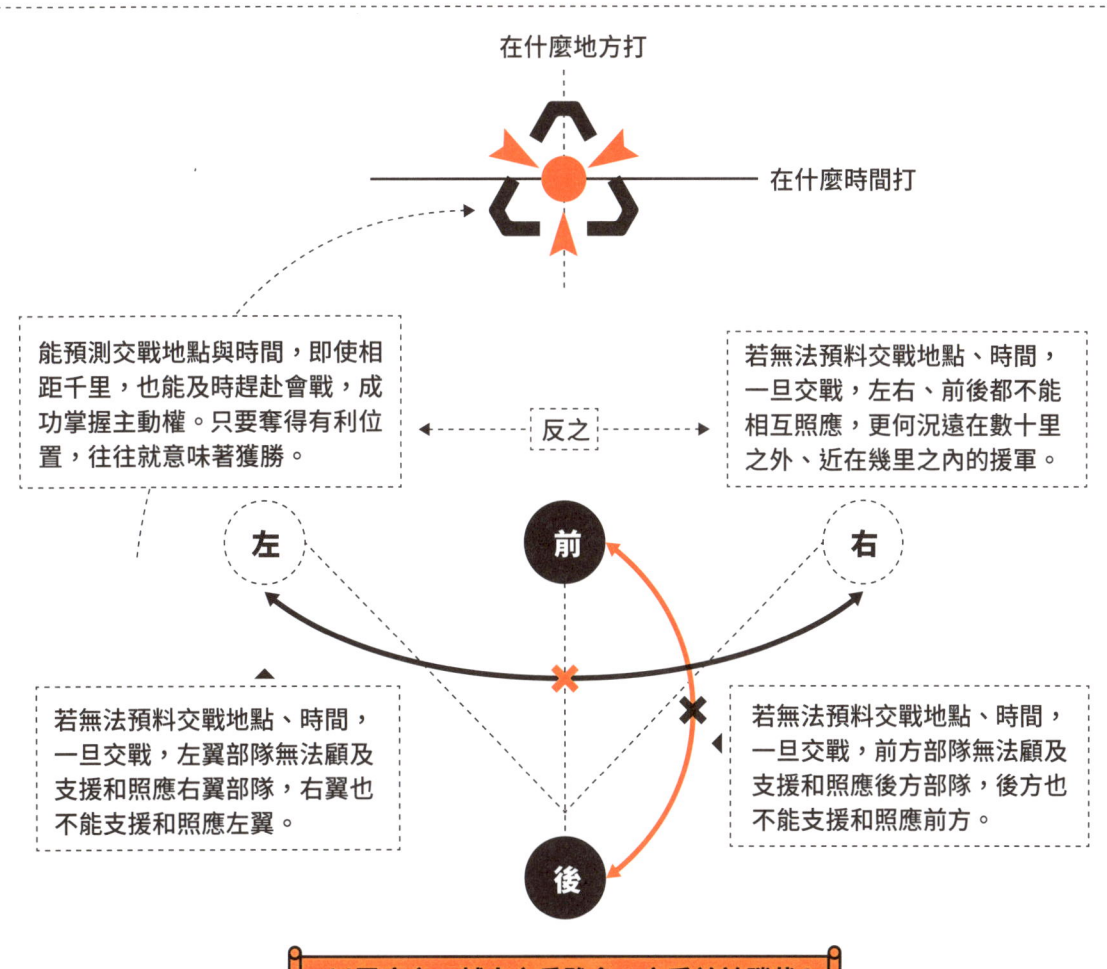

在什麼地方打

在什麼時間打

能預測交戰地點與時間，即使相距千里，也能及時趕赴會戰，成功掌握主動權。只要奪得有利位置，往往就意味著獲勝。

反之

若無法預料交戰地點、時間，一旦交戰，左右、前後都不能相互照應，更何況遠在數十里之外、近在幾里之內的援軍。

左　前　右　後

若無法預料交戰地點、時間，一旦交戰，左翼部隊無法顧及支援和照應右翼部隊，右翼也不能支援和照應左翼。

若無法預料交戰地點、時間，一旦交戰，前方部隊無法顧及支援和照應後方部隊，後方也不能支援和照應前方。

以吾度之，越人之兵雖多，亦奚益於勝哉？

綜上分析，越國兵雖然雄厚，但未必能獲得勝利。也就是人多不一定勝。

六・虛實

33 勝可為也

曹操曰：「能虛實彼己也。」

原文

故曰：勝可為也，敵雖眾，可使無鬥。故策之而知得失之計，作之而知動靜之理，形之而知死生之地，角之而知有餘不足之處。

譯文

因此，可以說勝利是能夠透過人為的運籌帷幄來達成的。即使敵軍兵力強大，只要謀畫周密，仍能削弱其戰鬥力，使其無法發揮戰力。因此，必須事先進行精確的評估與分析，權衡各種戰略選項的利弊；透過偵察敵軍的動向，掌握對方的行軍規律；明查敵軍的部署情況，以辨別哪些地區便於進攻、哪些地形對我方不利；並藉由小規模的試探性戰鬥，從實際交鋒中判斷敵軍各區的兵力強弱。

啟示

〈軍形篇〉提到：「勝可知，而不可為」，意指勝利的機率可以透過敵我雙方的主客觀條件來判斷，若我方占據優勢，則具備勝利的條件。在此基礎上，透過運用「虛實」戰術，可以進一步擴大優勢，達到「致人而不致於人」的境界。接著，再藉由「形人而我無形」，使敵軍陷入「無所不備」與「無所不寡」的困境，導致其前後、左右、上下皆被我方切割孤立，疲於應對，最終在正確的領導與指揮下實現勝利。

所謂「勝可知」是勝利的前提條件，唯有確立了這個前提，勝利才有可能實現。若是「勝不可知」或者僅憑主觀臆測認為「可勝」，輕視敵方實力、妄斷對方，則必然失敗，這些認知都不利於實現勝利。因此，若缺乏自我反思與自我校正的過程，即使「虛實」戰術運用得再精妙，也難以取勝。

總結：古代先賢所傳承的智慧，不應流於表面的閱讀，更重要的是深入理解其中的「道理」，而非僅僅停留在「表象」。

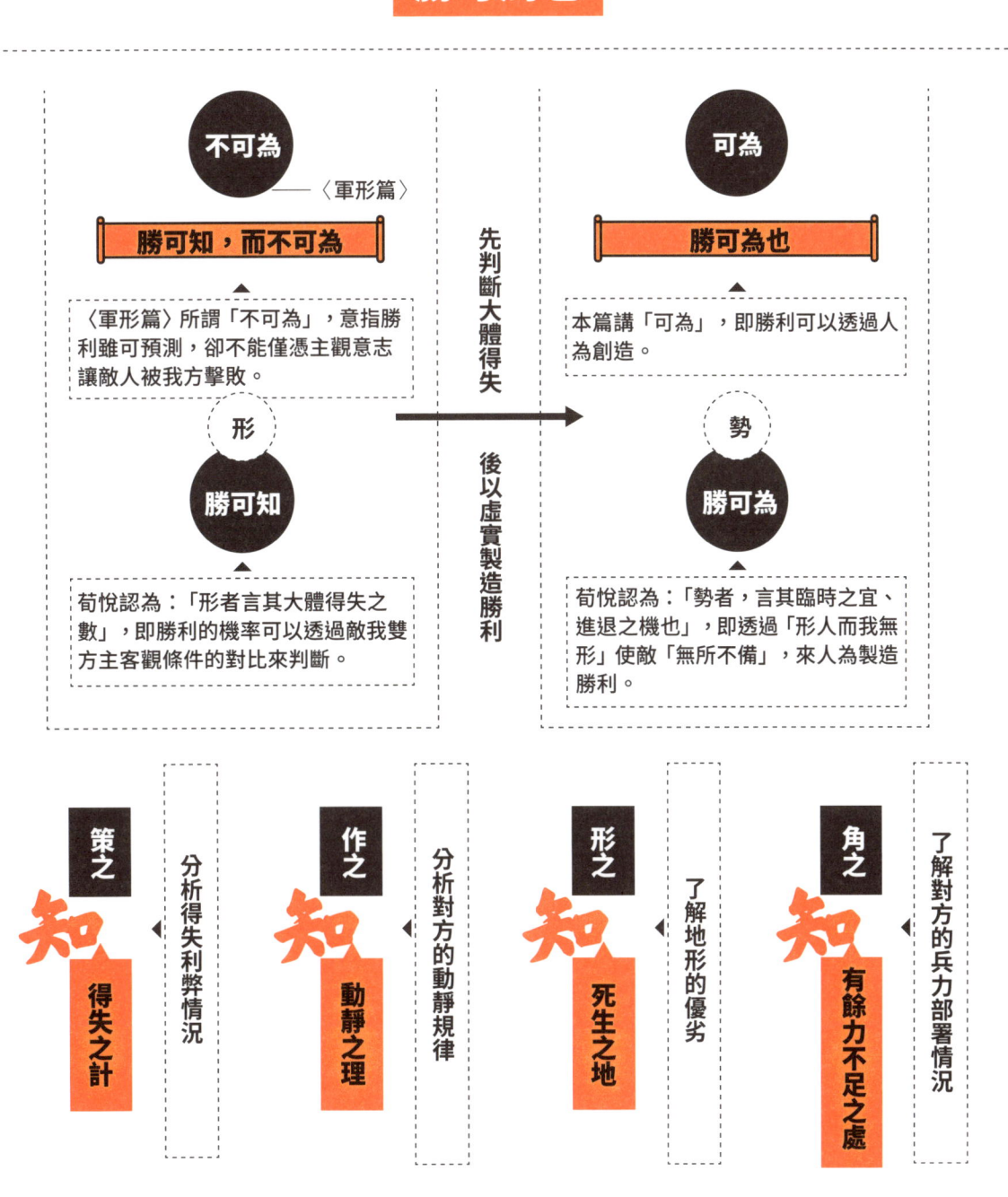

勝可為也

不可為 ——〈軍形篇〉

勝可知，而不可為

〈軍形篇〉所謂「不可為」，意指勝利雖可預測，卻不能僅憑主觀意志讓敵人被我方擊敗。

形 — 勝可知

荀悅認為：「形者言其大體得失之數」，即勝利的機率可以透過敵我雙方主客觀條件的對比來判斷。

先判斷大體得失 → 後以虛實製造勝利

可為

勝可為也

本篇講「可為」，即勝利可以透過人為創造。

勢 — 勝可為

荀悅認為：「勢者，言其臨時之宜、進退之機也」，即透過「形人而我無形」使敵「無所不備」，來人為製造勝利。

策之 → **知** 得失之計 — 分析得失利弊情況

作之 → **知** 動靜之理 — 分析對方的動靜規律

形之 → **知** 死生之地 — 了解地形的優劣

角之 → **知** 有餘力不足之處 — 了解對方的兵力部署情況

六・虛實

34 形兵之極

曹操曰：「能虛實彼己也。」

原文

故形兵之極，至於無形。無形，則深間不能窺，智者不能謀。因形而錯勝於眾，眾不能知；人皆知我所以勝之形，而莫知吾所以制勝之形。故其戰勝不復，而應形於無窮。

譯文

因此，最高明的用兵之道，是在戰場上達到「無形可睹、無跡可尋」的境界。所謂「無跡可尋」，是指即使間諜潛伏得再深，也無法窺探到我方的底細；再足智多謀的敵人，也想不到對付我方的策略。根據敵情的變化，靈活調整策略，進而取得勝利，使旁人無法看透我方究竟是如何致勝的。世人只看得到勝利的結果，卻不了解我們是如何因應局勢變化，也不清楚我們運用了哪些計謀來達成勝利。因此，每一次作戰獲勝，都不是因為重複以往的方法，而是根據不同的情勢靈活應變，創造出無窮變化，從而取得勝利。

啟示

「應形於無窮」——指無形無狀、變化無窮，這個概念雖然較為抽象，但具體而言便是「無招勝有招」的境界。所謂「無招勝有招」意指對方無法看出你運用的戰術，因為真正的高手不會拘泥於某個門派或固定招式，而是能夠隨著戰局的變化而隨機應變、靈活調整。這裡所說的「形兵之極」正是習武的最高境界，同時也是「虛實變化」的至高領域。

這樣的思維方式不僅適用於戰爭，在解決日常問題時亦然。關鍵在於，我們是否能察覺自身固有的思維模式，當我們能夠意識到自身的慣性思考，才能夠真正突破框架，根據當前局勢靈活調整策略。不論是在戰場上或日常生活上，都是同一個道理。

總結：真正的「無形」，在於能夠洞察自身的「有形」，這正是取得勝利的關鍵前提。

形兵之極

故形兵之極，至於無形

用兵的方式千變萬化，最巧妙的境界是讓我方的行動無形可見、無跡可尋，使敵人無法掌握我方的行動規律。

無形

深間不能窺

潛伏再深的間諜也窺察不到我方的底細。

智者不能謀

再足智多謀的對手也想不出對付我方的辦法。

因形而錯勝於眾，眾不能知

根據敵情的變化，靈活調整策略，進而獲勝，但旁人看不懂我方究竟是如何獲勝的。

人皆知我所以勝之形，而莫知吾所以制勝之形

眾人看到我方獲勝，卻不知道我方是用何種計謀取勝的。

故其戰勝不復，而應形於無窮

所以獲勝之法隨形勢而變化萬千、無窮無盡。

👁 形 ◄ 「形」的背後是看不見的「勢」 ► 勢 🚫

35 因敵制勝

六・虛實

曹操曰：「能虛實彼己也。」

原文

夫兵形象水，水之形，避高而趨下；兵之形，避實而擊虛。水因地而制流，兵因敵而制勝。故兵無常勢，水無常形。能因敵變化而取勝者，謂之神。

譯文

以水作為比喻，作戰如同流水一般。水的流動規律是從高處向低處奔流，作戰的規律則是避開敵人的堅實之處，集中攻擊其弱點。水流的方向會隨地形而改變，作戰也應該根據敵方的部署來調整我方的進攻策略，進而取得勝利。所以，作戰沒有固定的方法，正如同水流沒有固定的流動模式。能夠根據敵情隨機應變而取勝的，就稱之為「用兵如神」。

啟示

前文提到「形」，以「形」來引出「因敵制勝」的道理。用兵如神的關鍵在於「勢」，也可以理解為用兵如神是因為敵人的變化而促使我方作出調整，是雙方互相作用的成果。李零教授在《兵以詐立》中提到，一切的成功都依賴「雙方的合作」，所有的勝利都應感謝敵人。毛澤東的軍事論著《論持久戰》正是「因敵制勝」的實踐指南，提出了一整套抗日戰爭的制勝之道。當時，戰爭的前景充滿了迷茫與困難，這一思想猶如黑夜中的燈塔，為全體抗戰軍民指引了方向。當然，用兵如神的前提是「知彼知己」，這不僅是因敵制勝的基礎，也是獲勝的關鍵因素。

總結：了解對方才能避開其優勢，攻擊其弱點；了解自己才能客觀不固執，根據局勢變化而靈活調整策略。

因敵制勝

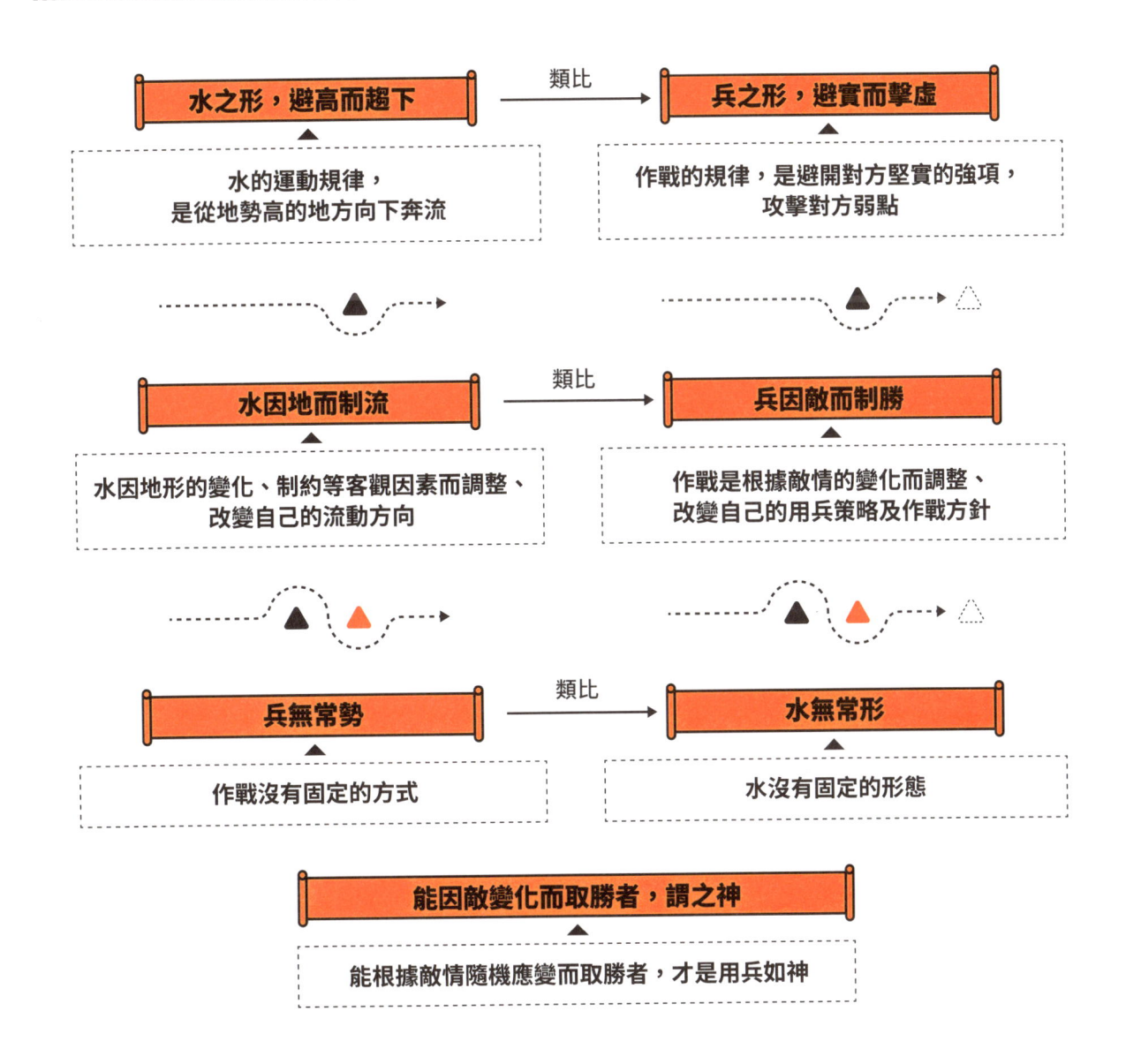

水之形，避高而趨下 —類比→ **兵之形，避實而擊虛**

水的運動規律，是從地勢高的地方向下奔流

作戰的規律，是避開對方堅實的強項，攻擊對方弱點

水因地而制流 —類比→ **兵因敵而制勝**

水因地形的變化、制約等客觀因素而調整、改變自己的流動方向

作戰是根據敵情的變化而調整、改變自己的用兵策略及作戰方針

兵無常勢 —類比→ **水無常形**

作戰沒有固定的方式

水沒有固定的形態

能因敵變化而取勝者，謂之神

能根據敵情隨機應變而取勝者，才是用兵如神

六·虛實

36 虛實無常

曹操曰：「能虛實彼己也。」

原文

故五行無常勝，四時無常位，日有短長，月有死生。

譯文

所以說，用兵作戰就像五行（金、木、水、火、土）一樣，由於相生相剋，一物降一物，沒有哪一種元素能夠永遠壓制其他元素；也像四季（春、夏、秋、冬）一樣，四季更迭、循環往復、生生不息，沒有哪個季節能夠固定不變。白晝有長有短，月亮有圓有缺，世間萬物始終都在變化。

啟示

〈虛實篇〉是〈軍形篇〉與〈兵勢篇〉的延續，透過「奇正」和「虛實」來進一步闡述形勢的變化。從中可以發現，形勢看似有奇與正、虛與實之分，實則互相依存，密不可分。奇無法脫離正，正同樣離不開奇；沒有奇，正就只能硬碰硬，自古凡是逞強者，多數以失敗告終；然而，若沒有正，奇也無法長久立足，缺乏穩固的根基。奇與正的界線模糊，虛實交錯，你中有我，我中有你。

蘇東坡曾言：「橫看成嶺側成峰，遠近高低各不同。」從橫向看戰術，可能是奇；從側面看，可能是正（或反之亦然），僅僅是視角不同而已。這與《易經》中的「陰陽」概念如出一轍。

中國古代思想家常以陰陽、五行等理論來解釋天地萬物的運行。陰陽是動態、千變萬化的，五行則是相生相剋的，四季是循環往復、生生不息的。陰無法完全制約陽，陽也無法完全壓制陰；五行、四季也同樣如此。世間萬物均在不斷變化，形勢、奇正、虛實亦如此，我們看待問題的方式也應當如此。

總結：四維空間相較於三維，多了一個時間的維度。若此假設為真，當你的思維能夠納入時間的變化，你所看到的問題便不再是靜止的，而是充滿動態變化的可能性。

虛實無常

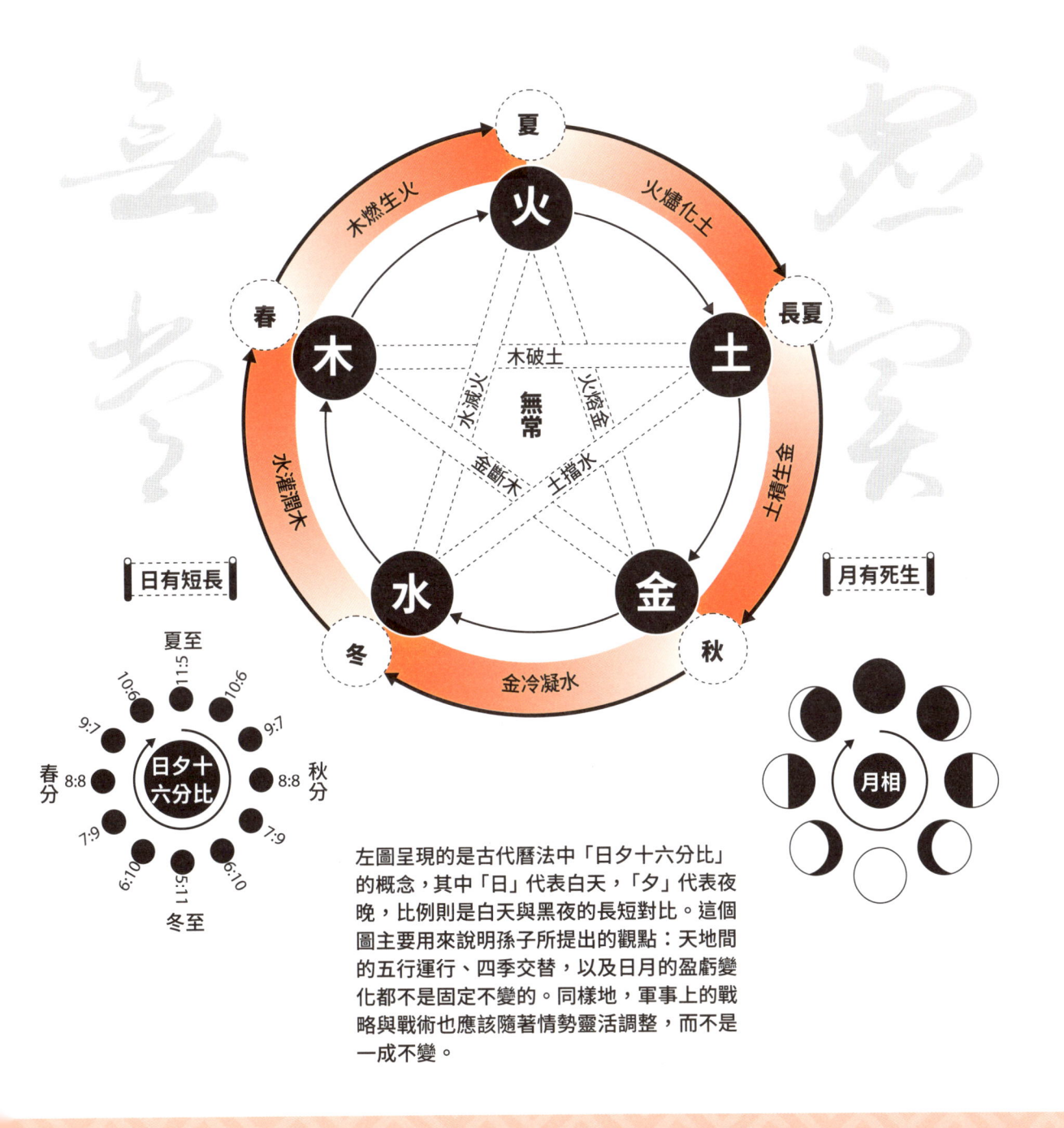

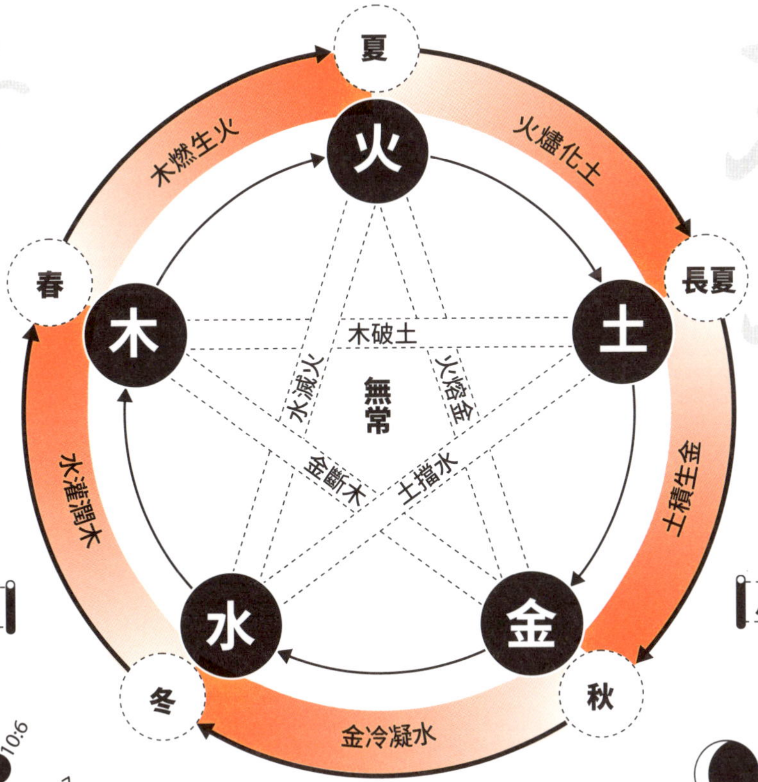
夏
火
木燃生火
火燼化土
春
長夏
木
土
木破土
無常
水滅火
火熔金
金斷木
土擋水
水灌潤木
土積生金
水
金
冬
秋
金冷凝水

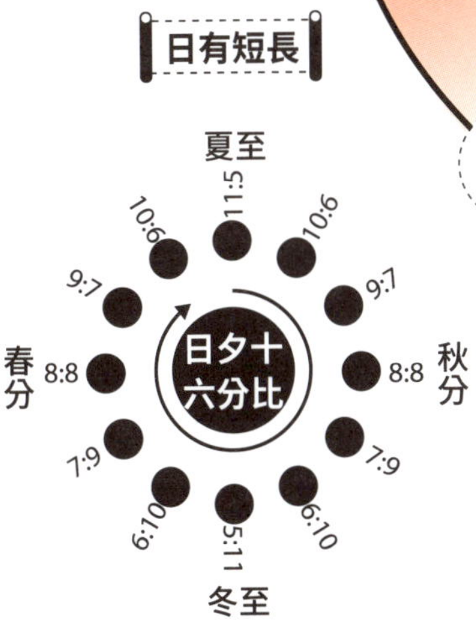
日有短長
夏至
11:5
10:6
10:6
9:7
9:7
春分
8:8
日夕十六分比
8:8
秋分
7:9
7:9
6:10
6:10
5:11
冬至

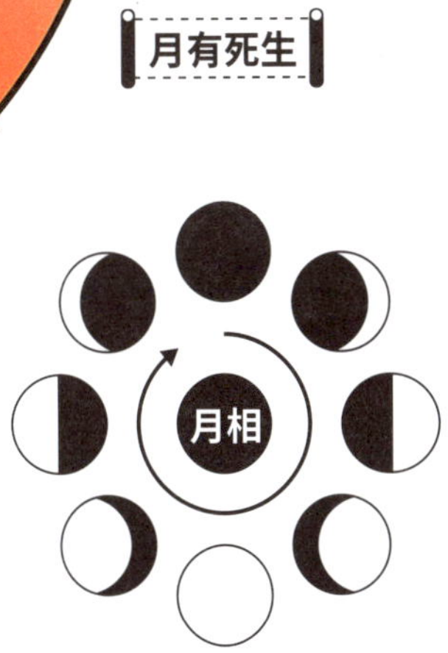
月有死生
月相

左圖呈現的是古代曆法中「日夕十六分比」的概念，其中「日」代表白天，「夕」代表夜晚，比例則是白天與黑夜的長短對比。這個圖主要用來說明孫子所提出的觀點：天地間的五行運行、四季交替，以及日月的盈虧變化都不是固定不變的。同樣地，軍事上的戰略與戰術也應該隨著情勢靈活調整，而不是一成不變。

七・軍爭

37 以迂為直
曹操曰：「兩軍爭勝。」

原文

孫子曰：凡用兵之法，將受命於君，合軍聚眾，交和而舍，莫難於軍爭。軍爭之難者，以迂為直，以患為利。故迂其途而誘之以利，後人發，先人至，此知迂直之計者也。

譯文

孫子指出：用兵作戰的基本原則是，君主下令派遣將軍出征後，主將便須動員百姓、編組軍隊，直到與敵軍對峙、交戰。在這整個過程中，最困難的環節就是「軍爭」，也就是兩軍之間爭奪戰略先機與有利形勢。之所以困難，是因為這需要將實際層面上看似「遠」的路，轉化為戰略上「近」的路，也就是將不利條件化為有利條件。主將可以透過迂迴繞行、誘敵深入、以小利牽制對方，來達成「後發先至」的效果，搶得有利位置。能夠靈活運用這類策略的人，才是真正掌握了「以迂為直」的精髓。

啟示

西元1812年拿破崙（Napoléon Bonaparte）發動侵俄戰爭，《戰爭論》的作者克勞塞維茨也曾參與其中。當時，為了爭奪戰略先機，拿破崙的軍隊放棄攜帶帳篷，以極快的速度向俄國境內推進。這樣的戰略雖然提升了行軍速度，但忽略了俄國極端寒冷的環境因素。入冬之後，法軍因缺乏物資與保暖設施，導致大量兵卒餓死、凍死，最終損失慘重。

日常生活與工作之中，「以迂為直」和「以患為利」這兩種思維模式極為重要。人們在做決策時，往往習慣先找捷徑，這是人性使然。然而，在面對挫折、困難時，原本的優勢可能反而成為致命的弱點，相對的，原本的劣勢也可能轉化為成功的契機。

總結：魚與熊掌不可兼得，關鍵在於如何客觀地評估自身條件，權衡利弊，選擇最合適、最折中的方案。

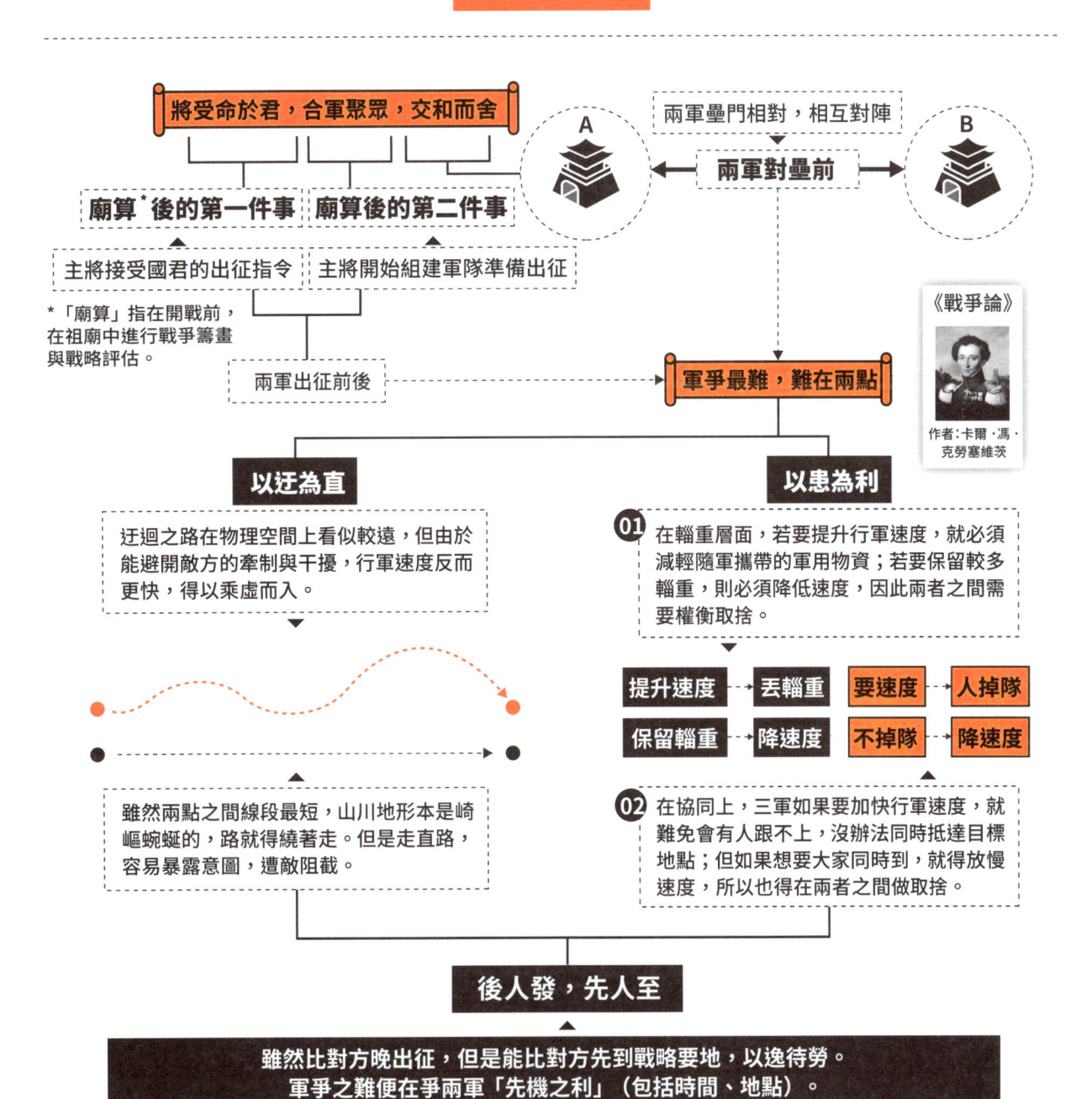

以迂為直

將受命於君，合軍聚眾，交和而舍

- 廟算*後的第一件事 ← 主將接受國君的出征指令
- 廟算後的第二件事 ← 主將開始組建軍隊準備出征

*「廟算」指在開戰前，在祖廟中進行戰爭籌畫與戰略評估。

兩軍對壘前：兩軍壘門相對，相互對陣（A ↔ B）

兩軍出征前後 → **軍爭最難，難在兩點**

《戰爭論》 作者：卡爾・馮・克勞塞維茨

以迂為直

迂迴之路在物理空間上看似較遠，但由於能避開敵方的牽制與干擾，行軍速度反而更快，得以乘虛而入。

雖然兩點之間線段最短，山川地形本是崎嶇蜿蜒的，路就得繞著走。但是走直路，容易暴露意圖，遭敵阻截。

以患為利

01 在輜重層面，若要提升行軍速度，就必須減輕隨軍攜帶的軍用物資；若要保留較多輜重，則必須降低速度，因此兩者之間需要權衡取捨。

- 提升速度 → 丟輜重
- 保留輜重 → 降速度
- 要速度 → 人掉隊
- 不掉隊 → 降速度

02 在協同上，三軍如果要加快行軍速度，就難免會有人跟不上，沒辦法同時抵達目標地點；但如果想要大家同時到，就得放慢速度，所以也得在兩者之間做取捨。

後人發，先人至

雖然比對方晚出征，但是能比對方先到戰略要地，以逸待勞。
軍爭之難便在爭兩軍「先機之利」（包括時間、地點）。

075

38 以患為利

七・軍爭

曹操曰：「兩軍爭勝。」

原文

故軍爭為利，軍爭為危。舉軍而爭利，則不及；委軍而爭利，則輜重捐。是故卷甲而趨，日夜不處，倍道兼行，百里而爭利，則擒三將軍，勁者先，疲者後，其法十一而至；五十里而爭利，則蹶上將軍，其法半至；三十里而爭利，則三分之二至。是故軍無輜重則亡，無糧食則亡，無委積則亡。

譯文

爭奪戰略先機能夠獲得優勢，但也伴隨風險。若全軍攜帶輜重一同前去爭奪先機，行軍速度將受到拖累，無法及時抵達戰略要地；若不攜帶輜重，則補給問題將成為一大風險。若選擇輕裝行軍，捲起盔甲，晝夜不停地趕路，雖能大幅提升速度，但行軍百里後，會有全軍覆沒的風險，因為體力強健者可先行抵達，而體力較弱的則會掉隊，最終能成功到達的軍力恐怕僅剩十分之一；若急行五十里，雖然能保持一定的戰力，但前鋒部隊容易遭到敵軍重創，最終也僅有半數人馬能抵達目的地；若急速奔走三十里，可能有三分之二的人馬能順利到達。由此可見，軍隊如果缺乏輜重，就難以持續作戰；沒有穩定的糧食供應，就無法長期生存；若沒有足夠的物資儲備，戰爭也難以持續進行。

啟示

「以患為利」意指在兩軍爭奪利益時，利益與風險總是並存。軍事行動講求速度，但攜帶大量輜重會拖慢行軍；若一味追求快速推進，卻缺乏足夠的糧食、水源與裝備，戰爭也難以持久。

若過度重視輜重與補給，雖可確保資源充足，卻可能因行軍遲緩而錯失戰機。迂與直的取捨彼此矛盾，患與利亦是如此。這種矛盾最常體現在「速度與輜重的平衡」與「行軍速度與部隊效率的權衡」。

這些利弊無法單憑主觀意志解決，《孫子兵法》並未提供一成不變的答案，而是提供了決策的基本原則。

做出理性決策時，必須先評估自身條件與能力：輜重過多會拖慢速度，帶得過少又可能補給不足。因此，必須在輜重比例與團隊戰力分配之間取得平衡。「以迂為直」、「以患為利」的精神，正是從看似不利的條件中重新思考，根據當下情勢權衡得失，做出最有利的決策。

總結：在生活與工作中，凡事皆有一體兩面，做決策時不要只考慮「直」和「利」，也要兼顧「迂」和「患」。

076

以患為利

軍爭的一體兩面，兩種視角

利 | 危

01 以患為利——輜重層面

舉軍而爭利，則不及

軍爭的過程中，同時包含了利與害

委軍而爭利，則輜重捐

B
利：不會挨餓和受凍
危：不能及時爭得先機

全軍攜帶輜重行軍，則不能及時抵達戰略要地

A
利：不會延誤戰機
危：缺乏輜重影響吃穿

棄輜重而爭利，將導致缺乏糧食與武器，無法作戰

02 以患為利——協同層面

卷甲而趨，日夜不處，倍道兼行

01 百里而爭利，則擒三將軍，勁者先，疲者後，其法十一而至

日行百里，容易全軍覆沒，壯者先到，疲者落隊，只有十分之一的人能趕到，是最糟的局面。

02 五十里而爭利，則蹶上將軍，其法半至

日行五十里，前鋒部隊容易被滅，只有二分之一的人能趕到，二分之一的人會落隊。

03 三十里而爭利，則三分之二至

日行三十里，三分之二的人能趕到，三分之一的人會落隊。三軍只有兩軍到，也不理想。

是故軍無輜重則亡，無糧食則亡，無委積則亡

077

七・軍爭

39 迂直之計

曹操曰：「兩軍爭勝。」

原文

故不知諸侯之謀者，不能豫交；不知山林、險阻、沮澤之形者，不能行軍；不用鄉導者，不能得地利。故兵以詐立，以利動，以分合為變者也。故其疾如風，其徐如林，侵掠如火，不動如山，難知如陰，動如雷震。掠鄉分眾，廓地分利，懸權而動。先知迂直之計者勝，此軍爭之法也。

譯文

如果不了解各國的政治企圖，就沒辦法提前做好外交工作；若不熟悉山川叢林、懸崖峭壁、沼澤等各種地形，就無法順利行軍；如果不懂得善用嚮導（當地人或熟悉地形的引路人），就無法充分利用地形優勢。用兵作戰的關鍵，在於靈活運用多變的策略來隱藏自身的戰略意圖，並根據有利時機採取行動。而行動的核心，則在於靈活調整軍力的分散或集中，達到最佳戰術效果。

軍隊行動時，若需加快速度，就應如疾風般迅捷；若需減緩速度，就應如森林般穩重而整齊；發動攻擊時，應如熊熊烈火；不進攻時，則要穩若泰山；隱藏自身時，應如陰雲遮月，使敵人難以察覺；出擊時，則應如迅雷閃電般迅猛。

掠奪敵人的作戰物資，分散敵方民眾，使之為我所用；拓展戰略領土後，應立即分兵駐守，以確保不被奪回。作戰過程中，必須要權衡利害得失，並在最佳時機採取行動。以上皆為爭奪戰略先機的基本原則和作戰規律。

啟示

「迂直之計、以迂為直」的戰略思維，核心在於建立全局觀，並從三個主要層面進行思考。第一，是「知彼」——深入了解對手的戰略思維與行動模式；第二，是「知天地」——掌握天時與地利（本篇聚焦於地利，天時部分將於後續〈地形篇〉詳述）；最後，是「知己」——全面認識自身的優劣勢，並善用外部資源，結合環境條件與他人智慧來提升戰略優勢。若僅憑一己之力單打獨鬥，極易陷入困境，導致戰略失誤。

唯有充分分析上述三個層面，才能在實際行動中隨機應變，進而取得戰略上的優勢。

總結：從橫向層面來看，必須做到「知彼知己」；從縱向層面來看，則應掌握「知天知地」。這些原則都可以作為我們運用「以迂為直」策略時的重要參考。

迂直之計

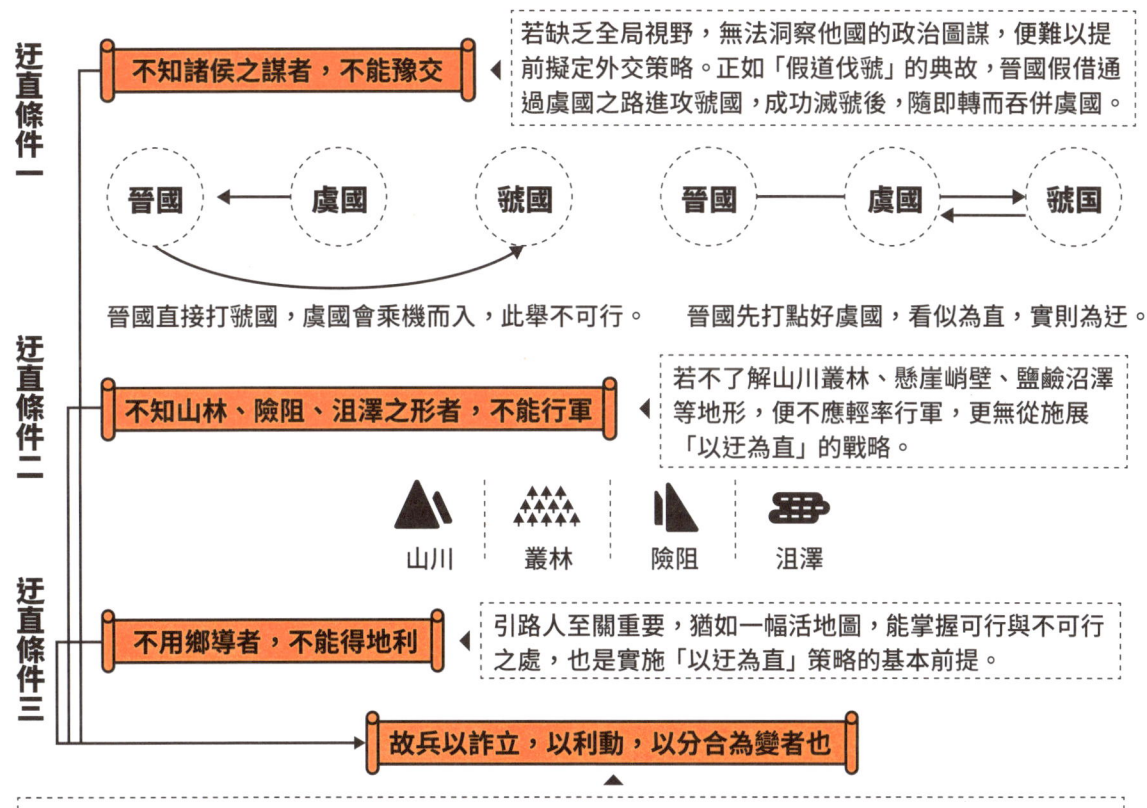

迂直條件一

不知諸侯之謀者，不能豫交

若缺乏全局視野，無法洞察他國的政治圖謀，便難以提前擬定外交策略。正如「假道伐虢」的典故，晉國假借通過虞國之路進攻虢國，成功滅虢後，隨即轉而吞併虞國。

晉國 ← 虞國 → 虢國　　晉國 — 虞國 ↔ 虢国

晉國直接打虢國，虞國會乘機而入，此舉不可行。　　晉國先打點好虞國，看似為直，實則為迂。

迂直條件二

不知山林、險阻、沮澤之形者，不能行軍

若不了解山川叢林、懸崖峭壁、鹽鹼沼澤等地形，便不應輕率行軍，更無從施展「以迂為直」的戰略。

山川　叢林　險阻　沮澤

迂直條件三

不用鄉導者，不能得地利

引路人至關重要，猶如一幅活地圖，能掌握可行與不可行之處，也是實施「以迂為直」策略的基本前提。

故兵以詐立，以利動，以分合為變者也

以上三個條件，有助於我方運用詭詐的戰法（此處的「詭詐」並非道德層面的欺騙，而是指靈活的用兵策略），有效隱藏自身的戰略意圖，達成「以謀略取勝」的目的。當具備適當條件時，依據有利於獲勝的原則採取行動，而「行動」正是變化的起點。這種變化，則需依賴兵力的靈活調度與分合運用來實現。

執行一

其疾如風，其徐如林，侵掠如火，不動如山，難知如陰，動如雷震
　　相對　　　　　相對　　　　　相對
行動快如疾風｜行動寧靜齊整｜攻擊如同烈火｜不動穩若泰山｜隱如雲後星辰｜迅雷不及掩耳

執行二

掠鄉分眾，廓地分利，懸權而動

權即秤砣，衡量利弊而動。即「合於利而動，不合於利而止」。

先知迂直之計者勝，此軍爭之法也　爭先機之利的基本原則——「以迂為直」的迂直之計

079

七・軍爭

40 關鍵溝通
曹操曰：「兩軍爭勝。」

原文
《軍政》曰：「言不相聞，故為金鼓；視不相見，故為旌旗。」夫金鼓旌旗者，所以一人之耳目也。人既專一，則勇者不得獨進，怯者不得獨退，此用眾之法也。故夜戰多火鼓，晝戰多旌旗，所以變人之耳目也。

譯文
兵書《軍政》中記載：「戰場上若只靠言語傳遞資訊，士兵往往聽不清楚，因此設置金鼓（擊鼓為進，鳴金為退）來傳達號令；在戰場上，若只靠動作傳達指令，也容易受到戰場環境干擾而無法準確傳達訊息，因此設立旌旗來輔助指揮。」金鼓與旌旗的作用，在於統一全軍的行動節奏，使號令一致。這樣一來，勇猛的士兵無法擅自衝動行動，膽怯的士兵也不能自行退卻，是指揮大軍的基本方法。因此，夜間作戰主要依靠火光與鼓聲傳遞資訊與命令，白天則以旌旗為主，這樣的安排正是為了因應人類的視覺與聽覺特性。

啟示
〈兵勢篇〉中提到「分數」，即透過合理分配士兵的編制，組合成軍隊，從而實現「治眾如治寡」。擁有一支軍隊之後，還需要透過「形名」來進一步指揮作戰，使得「鬥眾如鬥寡」。要達成這一目標，關鍵在於建立完善的指揮系統，讓號令能夠最有效地傳達。

在現實生活與工作中，資訊的傳遞同樣至關重要，而溝通效率的高低，正取決於我們能否靈活運用「分數」與「形名」。當溝通效率提升，工作成功的機率自然也會提高。同樣地，當團隊溝通順暢無礙，「以迂為直」的戰略運用也會更為有效，進而提升在競爭中搶占先機的可能性。

總結：本篇引用〈兵勢篇〉中的「形名」概念，並將其對應到「以患為利」中的協同合作。要達成高效的協同與配合，關鍵在於建立一套清晰且有效的「溝通語言」。

關鍵溝通

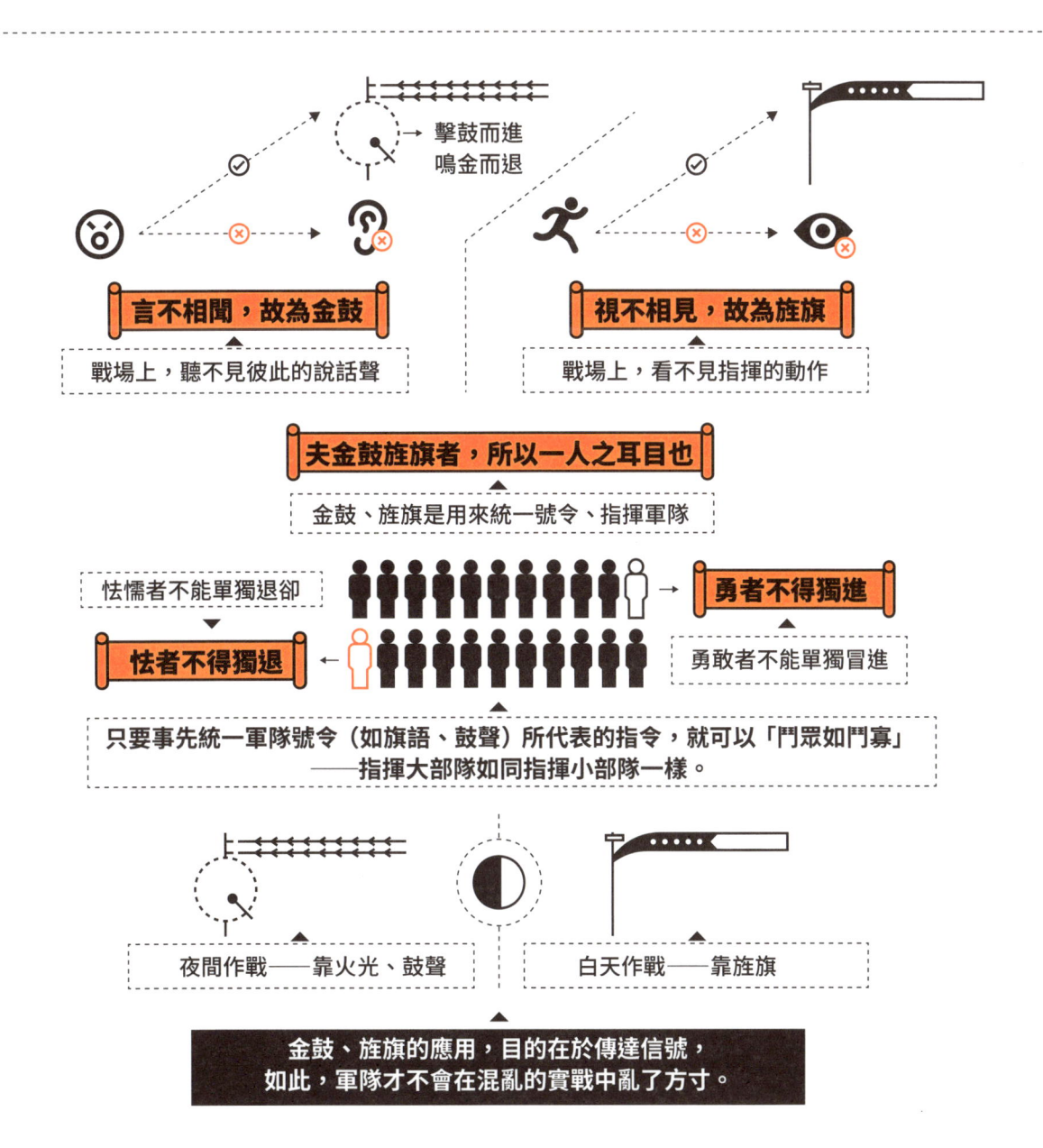

擊鼓而進
鳴金而退

言不相聞，故為金鼓
戰場上，聽不見彼此的說話聲

視不相見，故為旌旗
戰場上，看不見指揮的動作

夫金鼓旌旗者，所以一人之耳目也
金鼓、旌旗是用來統一號令、指揮軍隊

怯懦者不能單獨退卻
怯者不得獨退

勇者不得獨進
勇敢者不能單獨冒進

只要事先統一軍隊號令（如旗語、鼓聲）所代表的指令，就可以「鬥眾如鬥寡」——指揮大部隊如同指揮小部隊一樣。

夜間作戰——靠火光、鼓聲

白天作戰——靠旌旗

金鼓、旌旗的應用，目的在於傳達信號，如此，軍隊才不會在混亂的實戰中亂了方寸。

七・軍爭

41 治兵四要

曹操曰：「兩軍爭勝。」

原文

故三軍可奪氣，將軍可奪心。是故朝氣銳，晝氣惰，暮氣歸。故善用兵者，避其銳氣，擊其惰歸，此治氣者也。以治待亂，以靜待譁，此治心者也。以近待遠，以佚待勞，以飽待飢，此治力者也。無邀正正之旗，勿擊堂堂之陣，此治變者也。

譯文

三軍的士氣可能會被打擊，甚至被奪走；將領的意志同樣可能受到干擾，甚至徹底崩潰。戰爭初期，士氣往往最為高昂、銳不可當，但隨著時間推移，士氣逐漸鬆懈，到了後期，更可能因疲憊而生思鄉之情。因此，善於用兵的將領，會避開敵軍初戰時的鋒芒，選擇在其疲憊思歸之際發動攻擊，這是運用士氣的關鍵。以有紀律的軍隊對抗混亂無章的敵軍，以鎮定沉著的部隊面對喧囂浮躁的敵人，是駕馭將領心理戰術的方式。搶先占據戰略要地，從容應對長途跋涉而疲憊飢餓的敵軍，則是有效運用了戰鬥力的策略。而避免攻打旗幟整齊、陣型嚴整的敵軍，則體現了隨機應變、因敵制勝的靈活戰法。

啟示

治兵有四個要點：治氣、治心、治力、治變。《左傳・莊公七年》中的〈曹劌論戰〉有段情節：「公與之乘，戰於長勺。公將鼓之。劌曰：『未可。』齊人三鼓。劌曰：『可矣。』齊師敗績。公將馳之。劌曰：『未可。』下視其轍，登軾而望之，曰：『可矣。』遂逐齊師。」這段話的大意是，曹劌待齊國擊鼓三次之後才下令進攻，利用「一鼓作氣，再而衰，三而竭」的戰術，最終擊敗齊國軍隊，這便是治氣之術。治心即是心理戰術的運用，治力則是迂直戰法之計，治變則是因敵制勝的基本原則。

> 總結：治軍的核心目的，在於扭轉因缺乏治理而導致的不利局勢。在現實生活中，若不想淪為被動收拾殘局的一方，就應主動採取應對之策。

治兵四要

避其銳氣，擊其惰歸

氣 — 掌握軍隊士氣之法

士氣很重要，對敵我雙方或對任何人來說都很重要。應該避開對方的銳氣，待敵方鬆懈疲憊時，再去攻打。

早晨之時，銳氣最盛，因此應避免在此時正面迎戰。孫子以此比喻強調應迴避敵軍初戰時的鋒芒。

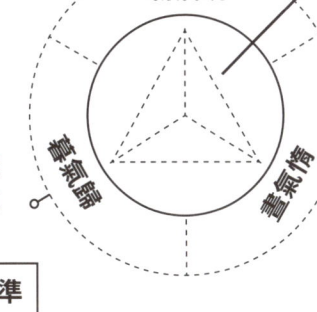

以治待亂，以靜待譁

掌握將領心理之法 — **心**

用治理有序、嚴整的隊伍對付治理無序、混亂無紀的隊伍，用穩如泰山的隊伍對付喧譁、浮躁的隊伍。

孫子用一天中三個不同時段來比喻士氣由高到低的三種作戰狀態。

- 朝氣銳
- 晝氣惰
- 暮氣歸

夜晚是暮氣，暮氣生歸，這裡比喻出戰的時間久，士氣疲憊衰竭，就會思歸。

中午是晝氣，晝氣生惰，孫子用來比喻出戰後一段時間後，士氣就會變得鬆懶。

搶先占領戰略要地，以逸待勞，調整準備，以等待遠道而來、疲憊至極、飢腸轆轆的敵方隊伍。

不去攻打旗幟整齊的軍隊，不去攻打陣容整齊的軍隊，因為這樣的軍隊往往實力強大、早有預備。

力 — 掌握軍隊戰力之法

以近待遠，以佚待勞，以飽待飢

掌握機動變化之法 — **變**

無邀正正之旗，勿擊堂堂之陣

七・軍爭

42 禁忌八條
曹操曰：「兩軍爭勝。」

原文

故用兵之法，高陵勿向，背丘勿逆，佯北勿從，銳卒勿攻，餌兵勿食，歸師勿遏，圍師必闕，窮寇勿迫。此用兵之法也。

譯文

因此，用兵的基本法則是：若敵軍占領高地，則切勿仰攻，因為由高處向下進攻可順勢而為，而從低處向上攻擊則處於不利的逆勢，不利於作戰；若敵軍背靠山丘或天然屏障，則不宜正面強攻；當敵軍佯裝敗退時，切勿輕易追擊；若遇到敵軍精銳部隊或主力部隊，切勿主動攻擊對方，否則便是以卵擊石；當敵軍派出誘敵部隊試圖引誘我方追擊時，切勿貿然上鉤；若敵軍準備撤退，切勿去攔截攻擊；若敵軍已被我方包圍，務必為其留下退路，否則將引起敵人激烈的反抗；當敵軍陷入絕境、走投無路，切勿過分逼迫，否則會激發他們的士氣。這些便是用兵作戰的基本法則。

啟示

本篇論述的是「軍爭」，即爭奪時間、地理位置、戰略形勢與作戰態勢，這些都是決定勝負的必要條件。具體而言，軍爭的核心戰法便是「以迂為直」，即繞遠路以換取戰略優勢。這需要將領深入理解國情、己方能力以及天時地利，才能選擇最優的行軍路線。兩軍的對峙情況會決定戰爭的結果，但在此之前，能夠搶得有利位置、掌控戰略先機的一方，才是掌握了勝負的關鍵。若選錯了路線，即使軍力強大，也會敗給早已占據優勢地位的對手。

現實生活與工作亦然，真正有效的方法往往最不起眼，甚至看似「笨拙」，但它們卻是最穩健、最可靠的路徑。然而，多數人總是希望找到所謂「更短」、「更快」的捷徑，卻忽略了穩紮穩打的重要性。事實上，只要耐住飢餓、耐住孤獨、耐住疲憊，確立哪些事該做（要領），哪些事不該做（禁忌），然後一步步去完成那些該做的事，才能走向真正的成功。

總結：曾國藩認為「天下之至拙，能勝天下之至巧」。意思是說，積極爭取機會固然重要，但有時候不爭也可能帶來好處。因此，不應固守某種立場或做法，而限制了自身的發展。

禁忌八條

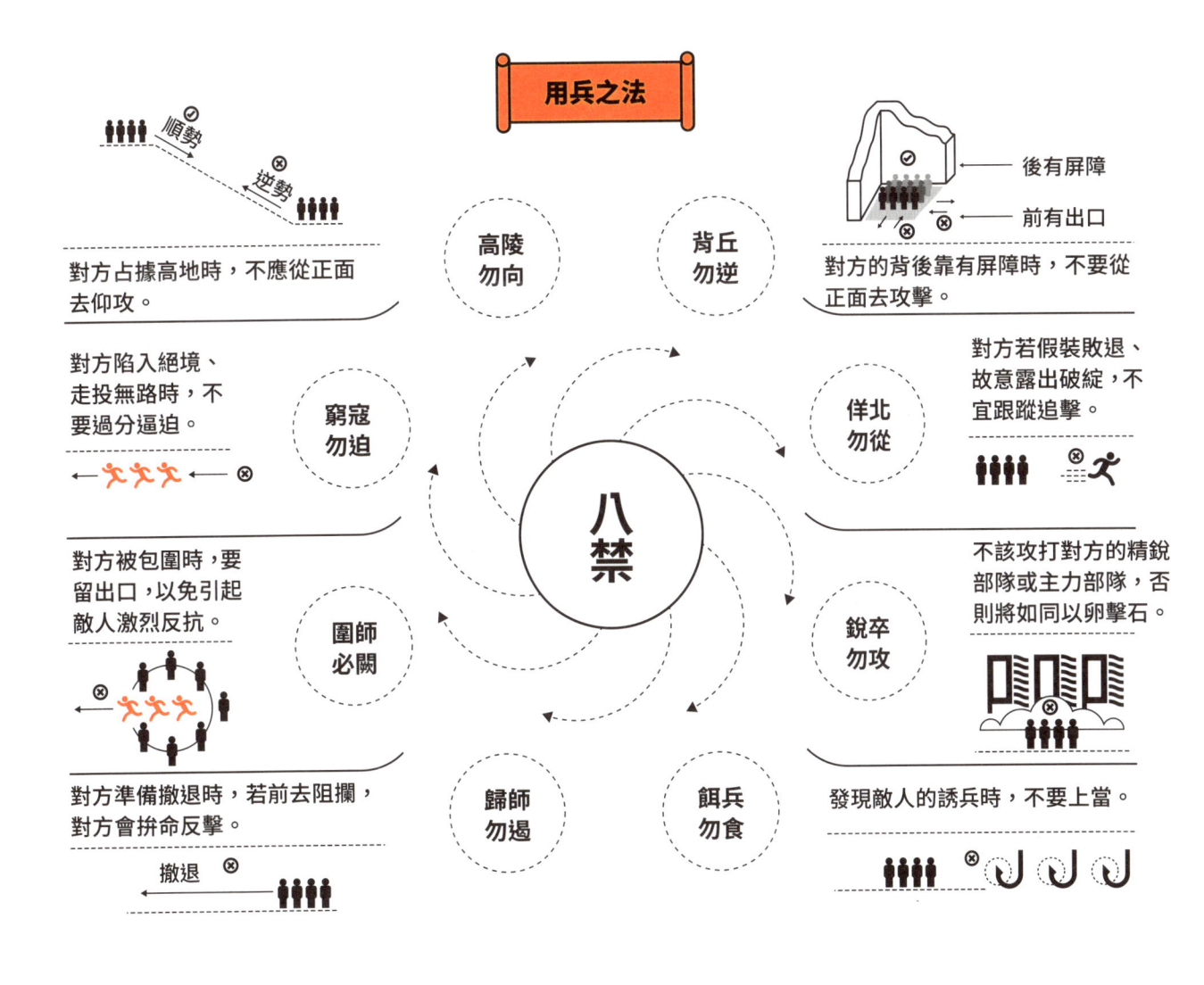

用兵之法

八禁

高陵勿向
對方占據高地時，不應從正面去仰攻。

背丘勿逆
對方的背後靠有屏障時，不要從正面去攻擊。
- 後有屏障
- 前有出口

窮寇勿迫
對方陷入絕境、走投無路時，不要過分逼迫。

佯北勿從
對方若假裝敗退、故意露出破綻，不宜跟蹤追擊。

圍師必闕
對方被包圍時，要留出口，以免引起敵人激烈反抗。

銳卒勿攻
不該攻打對方的精銳部隊或主力部隊，否則將如同以卵擊石。

歸師勿遏
對方準備撤退時，若前去阻攔，對方會拚命反擊。

餌兵勿食
發現敵人的誘兵時，不要上當。

085

43 變化無窮

八・九變

曹操曰：「變其正，得其所用九也。」

原文

孫子曰：凡用兵之法，將受命於君，合軍聚眾，圮地無舍，衢地交合，絕地無留，圍地則謀，死地則戰。途有所不由，軍有所不擊，城有所不攻，地有所不爭，君命有所不受。

譯文

孫子說：多數情況下，用兵的基本法則是主將接受國君的命令後，開始編制軍隊、動員部隊準備出征。其中有五種地形需要特別注意：「圮地」，即地勢崎嶇不平、行動、住宿不便之地，這種地方不適合紮營；「衢地」，即交通便利之地，應在此地結交盟友，不可與之交惡；「絕地」，即缺乏水源、糧食等基本生存條件之地，不可久留；「圍地」，即容易被敵軍包圍的險要之地，必須事先謀畫對策，小心謹慎；「死地」，即四面受敵、無路可退之地，身處其中唯有放手一搏，才能殺出重圍。作戰時務必牢記：有些道路不可行走，有些敵軍不可輕易攻擊，有些城池不可貿然占領，有些地域不可輕易爭奪，即使是君主下達的命令，若違背戰略原則，有時也可以不予接受。

啟示

從學術角度而言，《孫子兵法》可以用各種不同的觀點來解讀，這也能為我們帶來新的啟發與靈感。對於普通人而言，在生活與工作中，也必然會經歷類似「圮地」的階段，這時候雖然處處荊棘坎坷、步履維艱，但仍需勇敢前行；當身處「衢地」時，則應善用優勢，結交志同道合的夥伴；當陷入「絕地」時，即使資源匱乏，也必須咬牙堅持，不可輕言放棄；處在「圍地」時，則須保持冷靜，以智慧應對困局；而若身陷「死地」，則唯有全力一搏，奮戰到底。

此外，孫子在用兵上的五種「不可」，同樣適用於日常生活中，例如貪圖小利往往是導致失敗的最大根源。孫子在本篇中提醒人們，用兵之道在於運籌帷幄、謀定而後動。在做出決策與行動之前，必須審慎思考、周密規劃，並根據實際情況採取最適當的應對策略。

總結：在不同情境中，必須清楚分辨該做什麼、不該做什麼，能做什麼、不能做什麼。

變化無窮

凡用兵之法，將受命於君，合軍聚眾

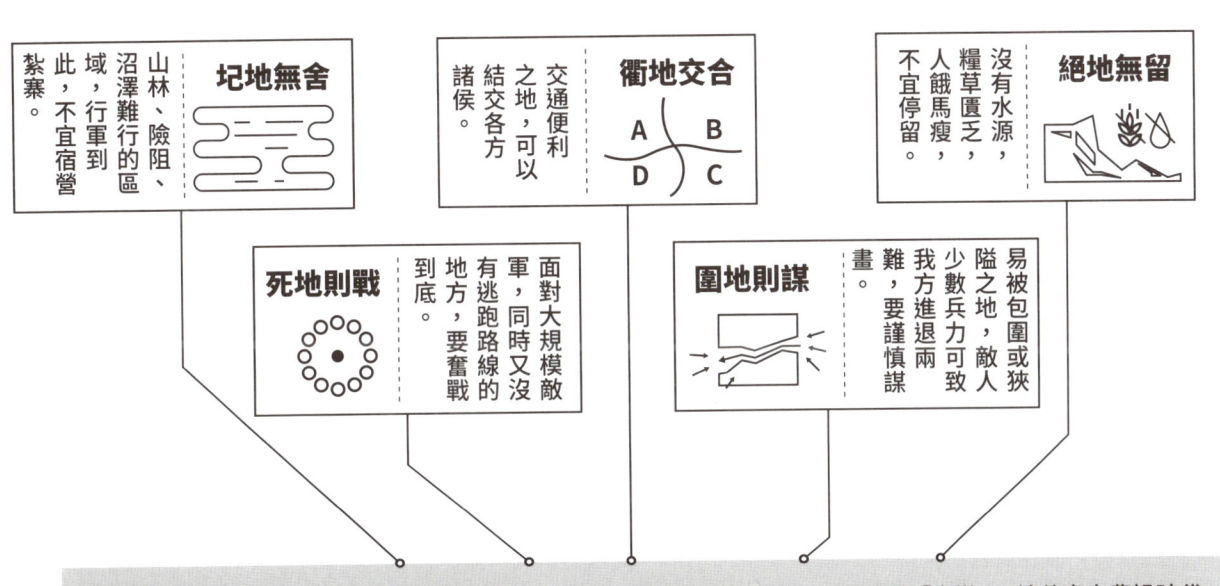

圮地無舍
山林、險阻、沼澤難行的區域，行軍到此，不宜宿營紮寨。

衢地交合
交通便利之地，可以結交各方諸侯。

絕地無留
沒有水源，糧草匱乏，人餓馬瘦，不宜停留。

死地則戰
面對大規模敵軍，同時又沒有逃跑路線的地方，要奮戰到底。

圍地則謀
易被包圍或狹隘之地，敵人少數兵力可致我方進退兩難，要謹慎謀畫。

〈九變篇〉主文前後共有十句話（前五後五），但為什麼標題是「九變」，而不是「十變」？這件事自曹操時代起便爭論不休。在《十一家注孫子》中，對此也分為兩派。一派主張「九變」之說，認為應去掉「君命有所不受」這一句；另一派則提出「五變五利」之說，認為前五句談的是「五變」，後五句講的是「五利」，各有見解，說法不一。

但筆者認為，《孫子兵法》談「變」的重點，並非在強調具體數量，而是傳達變化的無窮可能。正如書中提到的：「聲不過五，五聲之變，不可勝聽也；色不過五，五色之變，不可勝觀也；味不過五，五味之變，不可勝嘗也。」萬物變化無窮，何必執著於「變」的具體數目？「九變」其實就是象徵多變。更何況，戰場情勢千變萬化，地形更是多樣，即使是相同的地形，也可能產生截然不同的結果。

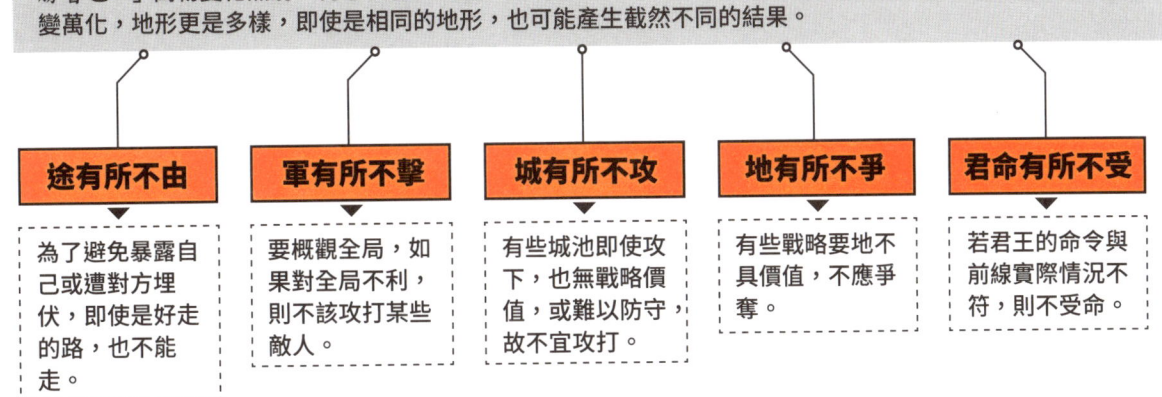

途有所不由
為了避免暴露自己或遭對方埋伏，即使是好走的路，也不能走。

軍有所不擊
要概觀全局，如果對全局不利，則不該攻打某些敵人。

城有所不攻
有些城池即使攻下，也無戰略價值，或難以防守，故不宜攻打。

地有所不爭
有些戰略要地不具價值，不應爭奪。

君命有所不受
若君王的命令與前線實際情況不符，則不受命。

087

44 隨機應變

曹操曰：「變其正，得其所用九也。」

原文

故將通於九變之利者，知用兵矣；將不通於九變之利者，雖知地形，不能得地之利矣。治兵不知九變之術，雖知五利，不能得人之用矣。

譯文

將帥若能隨機應變、精通各種戰術，才能稱得上掌握用兵之道。反之，將帥若不能靈活變通，那麼即使了解各種地形，也無法充分發揮地形優勢。同樣的，指揮用兵時，若不懂得根據戰場情勢靈活應變，那麼即使了解「五地」的利害關係，也難以充分發揮我方的戰鬥力。

啟示

「圮地」、「衢地」、「絕地」、「圍地」和「死地」等五種地形，構成了軍事戰略的大架構，這些概念還可以進一步細分為更具體的地理形態。所謂「九變」，代表的是「多變」，我們不應只停留在理解各種地形的名詞，而是要掌握其特性，並靈活應用。

同樣的，五種「不可」也是如此。靈活應變是決策的基礎，但這種能力難以量化或具體掌握，因此應避免主觀臆測，不可自以為「精通」兵法。唯有從全局出發，客觀分析利弊，持續觀察與學習，方能真正理解戰略之道。而「五地」與五種「不可」，正是培養靈活應變能力的重要基礎。

總結：你是否常以為，只要買了書，就等同於讀了書；只要讀了書，就等同於精通了書？這不過是自以為是罷了。真正的精通，不僅是理解，更在於靈活運用。

隨機應變

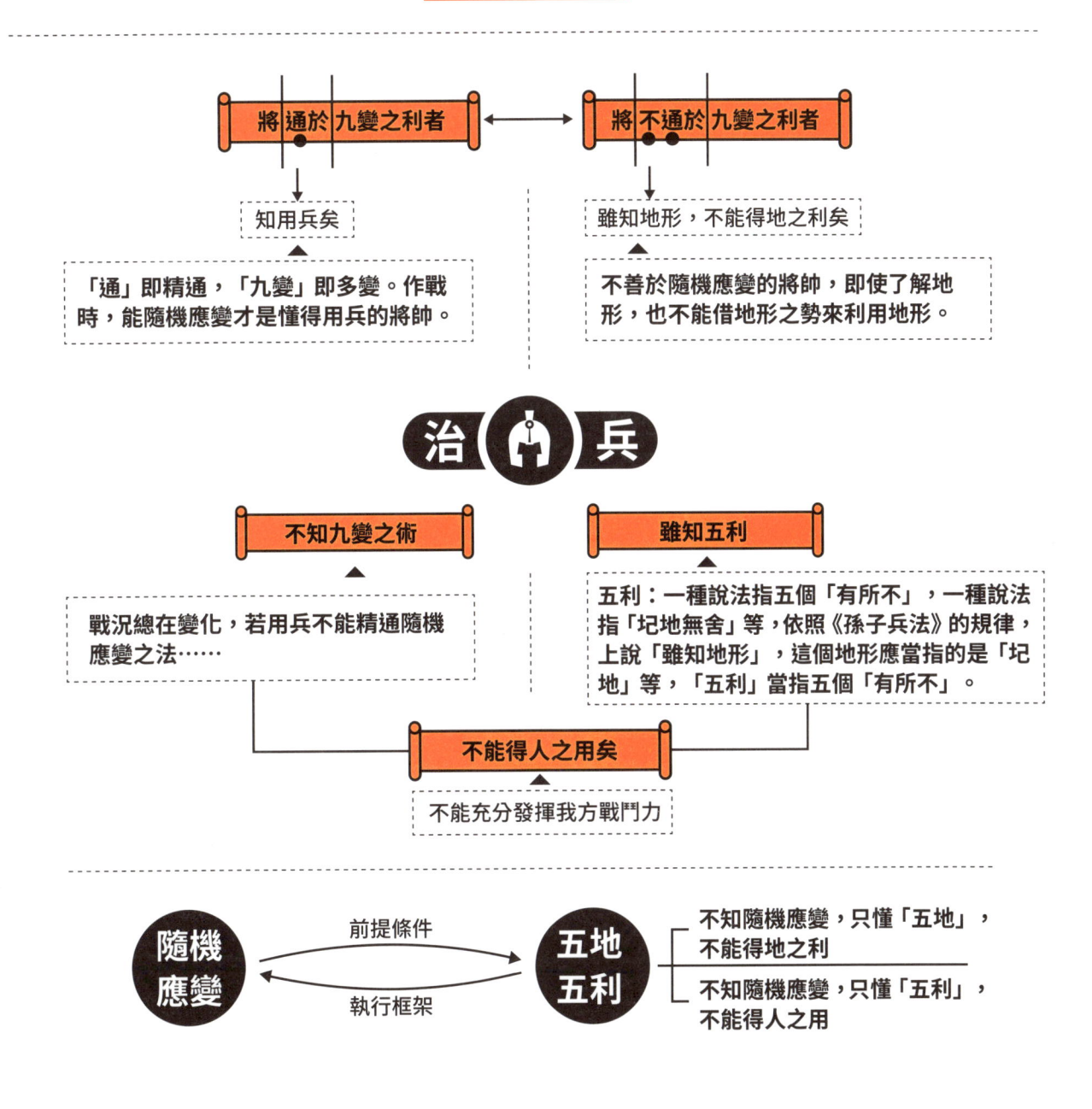

將 通於 九變之利者 ↔ **將 不通於 九變之利者**

↓ 知用兵矣

↓ 雖知地形，不能得地之利矣

「通」即精通，「九變」即多變。作戰時，能隨機應變才是懂得用兵的將帥。

不善於隨機應變的將帥，即使了解地形，也不能借地形之勢來利用地形。

治兵

不知九變之術

戰況總在變化，若用兵不能精通隨機應變之法⋯⋯

雖知五利

五利：一種說法指五個「有所不」，一種說法指「圮地無舍」等，依照《孫子兵法》的規律，上說「雖知地形」，這個地形應當指的是「圮地」等，「五利」當指五個「有所不」。

不能得人之用矣

不能充分發揮我方戰鬥力

隨機應變 ⇄ **五地五利**

- 前提條件
- 執行框架

不知隨機應變，只懂「五地」，不能得地之利

不知隨機應變，只懂「五利」，不能得人之用

45 兼顧利害

八・九變

曹操曰：「變其正，得其所用九也。」

原文

是故智者之慮，必雜於利害。雜於利而務可信也，雜於害而患可解也。是故屈諸侯者以害，役諸侯者以業，趨諸侯者以利。故用兵之法：無恃其不來，恃吾有以待也；無恃其不攻，恃吾有所不可攻也。

譯文

有智慧的將帥在思考問題時，一定要兼顧利與害兩個方面。在不利的情況下，若能看見其中潛藏的有利因素，便能增加獲勝的信心；在有利的情況下，若能發現可能存在的不利因素，則能及時思考對策、解除憂患。因此，正確的策略應該是：利用諸侯所害怕的事物迫使他們屈服；透過展示自身強大的實力，讓諸侯產生恐慌，陷入慌亂；同時，也要懂得運用利益誘使諸侯歸附。正確的用兵之道則是：不寄望敵軍不來進犯，而應考慮自身是否已經準備好應對敵軍來襲；不奢望敵軍不發動攻勢，而是確保我方已具備堅不可摧的防禦能力，使敵軍即使進攻，也無法攻破我方防線。

啟示

之前曾提及「一體兩面」的概念，這正是建立全局思維的基本條件。在日常生活或工作中遇到問題時，普通人往往會本能地想「這件事對我有什麼好處」，這是人性中趨吉避凶的直覺反應。然而，若只考慮單一面向，而忽略了可能存在的負面影響，便難以站在全局視角來分析問題，容易導致片面、武斷的主觀結論。《易經》中常提及「吉」與「凶」，並非單純地指某種行為的好壞，而是針對人性的提醒與警示。「凶」並不代表完全不能做，而是提醒人們要謹慎行事，才能將事情做到最好；「吉」也並非不用努力就能獲得好結果，而是表示應該更加認真地執行，若不採取行動，最終的結果可能仍會趨於「凶」。

> **總結**：唯有真正了解事物的利弊，才能建立全局思維；在此條件下，結合「五地五利」的戰略框架，靈活運用利弊之勢，才能做到隨機應變。

兼顧利害

前提條件

智者之慮，必雜於利害

智者，即有智慧的將帥，考慮問題時不會以偏概全，會思考事物的兩面。

利 ✓

雜於利而務可信也
在不利的情況下，要發現潛在的有利條件，才能順利完成想做的事情。

一體兩面
兼顧利害

害 ✗

雜於害而患可解也
在有利情況下，要看到困難、挫折等不利的一面，才能防患於未然。

具體手段

屈諸侯者以害
具備一體兩面的思維後，若要阻止對方發展，便可設法利用諸侯所畏懼之事，迫使其屈服。

用害

役諸侯者以業
要想牽制對方時，可以透過展示自己的實力讓諸侯產生恐慌，陷入慌亂。

用實力

趨諸侯者以利
用利益誘導諸侯，使諸侯歸附。

用利

無恃其不來，恃吾有以待也
不考慮對方是否前來，只需考慮我方是否已做好準備等待其來。

即〈軍形篇〉所講的「先為不可勝，以待敵之可勝」

無恃其不攻，恃吾有所不可攻也
不考慮對方是否進攻，只考慮我方是否具備讓對方進攻失敗的實力。

46 五種性格缺陷

八・九變

曹操曰：「變其正，得其所用九也。」

原文

故將有五危：必死，可殺也；必生，可虜也；忿速，可侮也；廉潔，可辱也；愛民，可煩也。凡此五者，將之過也，用兵之災也。覆軍殺將，必以五危，不可不察也。

譯文

因將帥性格缺陷所帶來的五種危險為：第一，只知一味拚死作戰的將帥，容易招致殺身之禍；第二，過於貪生怕死的將帥，容易因懦弱而被敵軍俘虜；第三，性格易怒的將帥，往往會因為敵人的挑釁而情緒失控，落入敵方的圈套；第四，過於廉潔自愛的將帥，容易因為無法忍受屈辱而失去理智，導致戰略判斷失誤；第五，對將士過於溺愛的將帥，可能會因為不忍犧牲部隊，做出輕率的決策。這五種危險，是將帥性格上的問題，若不加以警惕，將是戰場上的致命災難！這五種致命缺點往往會導致全軍覆沒、將帥遭殺害，因此必須警惕。

啟示

〈九變篇〉歷來爭論頗多，李零教授曾將其置於〈九地篇〉之後，旨在幫助讀者更容易理解。然而，此處仍以通行版本的篇章順序為準，讀者亦可自行調整順序，以體會不同的解讀方式。

「九變」即「多變」，無論是在戰場上，還是生活與工作的競爭博弈之中，情勢往往並非一成不變，因此不能拘泥於固定模式，必須靈活應對。隨機應變的前提是「雜於利害」，即須在充分考量利與害的情況下作出決策。唯有具備全局思維，能夠全面分析問題，才能防患於未然，並以客觀的態度來面對「五危」。

總結：從「毋」的對立面來看，「意」（臆測）、「必」（偏執）、「固」（固守）、「我」（自我）這四項特質都可能成為你的弱點，是敵人攻擊你的突破口。

五種性格缺陷

只知拚死的將帥
這類主帥必定缺乏謀略，我方可以智取勝，這正是「一體兩面」的戰術運用。

必死

過於溺愛將士的將帥
對這類主帥而言，將士是其弱點；只要擾亂百姓，他就必須為保護部下四處奔波。

愛民

必生
貪生怕死的將帥
若對方主帥貪生怕死，就用求生之策設法俘虜他，這也是「一體兩面」的運用。

5
性格缺陷
虛實的個體化應用

廉潔

廉潔自愛的將帥
對這類主帥而言，自愛是其其弱點，我們可以用自愛的對立面──屈辱，來對付他。

忿速

憤怒急躁的將帥
若對方主帥脾氣急躁、易怒，則可以激怒他，這也是「一體兩面」的戰術運用。

以下對比《論語》中提到的四種人格

▼

子絕四：毋意、毋必、毋固、毋我。──《論語・子罕》

毋意：不憑空臆想、不臆測
凡事無據，不加猜測。宋高宗懷疑岳飛不忠，縱容秦檜構陷，製造了千古冤獄，自毀長城。

毋必：不武斷絕對、不偏執
淝水之戰，前秦王苻堅不聽群臣勸阻，執意發兵征伐東晉，致使強盛一時的前秦土崩瓦解。

毋固：不固執拘泥、不頑固
春秋時期的宋襄公，因剛愎自用，拒絕大臣們的建議，結果在與楚軍的決戰中一敗塗地。

毋我：不自以為是、不主觀
人都有劣根性，易產生以自我為中心的念頭，為滿足私欲，肆意踐踏他人的感情、尊嚴。

九・行軍

47 行軍宿營

曹操曰：「擇便利而行也。」

原文

孫子曰：凡處軍相敵，絕山依谷，視生處高，戰隆無登，此處山之軍也。絕水必遠水；客絕水而來，勿迎之於水內，令半濟而擊之，利；欲戰者，無附於水而迎客；視生處高，無迎水流，此處水上之軍也。絕斥澤，惟亟去無留；若交軍於斥澤之中，必依水草而背眾樹，此處斥澤之軍也。平陸處易而右背高，前死後生，此處平陸之軍也。

譯文

孫子說，軍隊在駐紮與觀察敵情時，必須遵循以下原則：穿越山地、沿山谷行軍時，應駐紮在視野開闊且背後有可靠依託的高地。若敵軍已經搶先占領高地，切勿貿然仰攻，否則將陷入不利的處境。此為山地駐紮的基本原則。軍隊橫渡江河後，應該駐紮在離水源較遠的地方。若敵人渡河來戰，不要在水中迎擊，應該等敵人渡河過半之際發起攻勢才有利。此外，決戰時也不宜靠近河流作戰，應該選擇駐紮在視野開闊的高地上；同時，必須避免讓敵軍處於上游，而我方處於下游，否則容易受制於水勢。此為江河地帶駐紮的基本原則。當軍隊穿越沼澤地帶時，應當快速通過，不宜長時間停留，若在此地區交戰，則必須靠近有水草的地帶，並且背靠叢林（即在地勢較高且視野較廣的位置迎戰），此為沼澤地駐紮的基本原則。在平原地帶則要先占領地勢開闊、後方有高地的區域，確保陣地前低後高，使己方能居高臨下，有利於攻防作戰。這是平原地帶駐紮的基本原則。

啟示

〈軍爭篇〉的核心是爭奪戰場先機。戰局的勝負，往往取決於誰能夠先行搶占有利的位置。因此，行軍的路線極為重要，而如何選擇最適合的路線、如何確保順利抵達目標，以及需要經過哪些步驟來完成戰略布局，這一切都考驗著將帥是否真正用心準備。唯有透徹熟悉地形與路線，認真思考行軍路線的組合與變化，才能做到「以迂為直，以患為利」。正如前文所述，行軍也是戰爭的一部分，規畫好行軍路線後，關鍵就在於如何具體執行。

「行」與「停」是相對的，行軍過程中感到疲憊時，必須適時停下休息，當體力恢復後，才能繼續前行。〈行軍篇〉首先探討軍隊駐紮的問題，並根據不同的地形（山地、江河地、平原、沼澤地）來決定紮營策略。這四種地形也可對應到我們日常生活與工作中的各種處境，無論面對何種環境，核心的關鍵都在於「視生處高」——眼界要開闊，位置要正確，而最可靠的依託，始終是自己。

總結：凡事都必須下「真功夫」。「真功夫」沒有捷徑，唯有耐得住煩悶、實事求是地累積，並「熬」過去，方能獲得成功。

行軍宿營

絕山依谷,視生處高,戰隆無登,此處山之軍也。

山

山地的作戰原則:
① **絕山依谷**:一則山谷平坦,易於行軍;二則人馬可就地補充水草。但兩側容易被敵軍設伏。
② **視生處高**:前方視野開闊,後有高地依託,居高臨下。
③ **戰隆無登**:視生處高反過來,敵高我低時,勿仰攻。

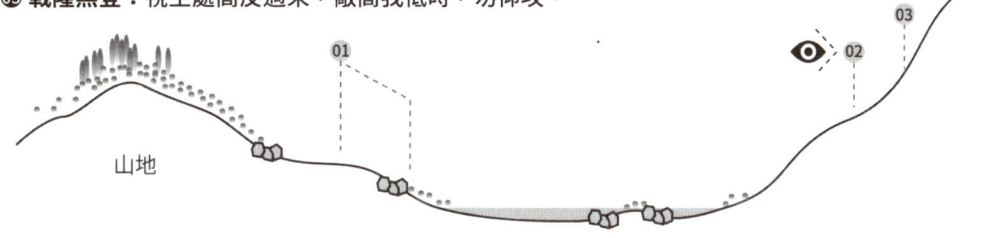

絕水必遠水;客絕水而來,勿迎之於水內,令半濟而擊之,利;欲戰者,無附於水而迎客;視生處高,無迎水流,此處水上之軍也。

水

江河地帶的作戰原則:
① **絕水必遠水**:一則防止敵人上游放水;二則防止敵人設伏從岸上打。駐紮時要遠離水。
② **客絕水而來,勿迎之於水內,令半濟而擊之,利**:對方渡河時,不可在水中迎戰,待對方渡河過半再攻打,才是有利的。
③ **欲戰者,無附於水而迎客;視生處高,無迎水流**:迎戰時不要靠近水,駐紮時要選擇高地。如同在山地不仰攻,在江河地帶也不可由下游進攻上游。

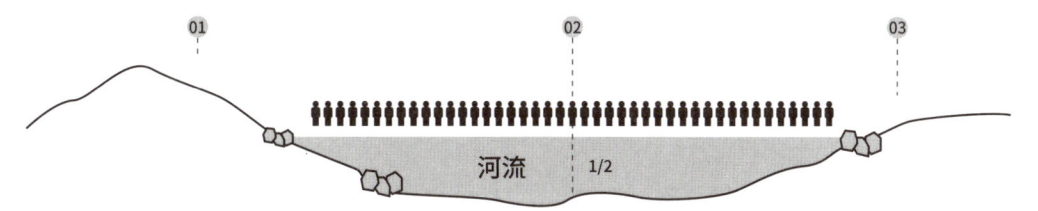

絕斥澤,惟亟去無留;若交軍於斥澤之中,必依水草而背眾樹,此處斥澤之軍也。

平陸處易而右背高,前死後生,此處平陸之軍也。

斥澤

鹽鹼沼澤地的作戰原則:
① **絕斥澤,惟亟去無留**:穿越鹽鹼沼澤地時,不要停留。
② **若交軍於斥澤之中,必依水草而背眾樹**:此地作戰時,須依託水草、叢樹。

平原

平原地帶的安置原則:
① **右背高**:右方、背後要有依託,此處同「視生處高」。
② **前死後生**:唐朝李筌曾言「前死,致敵之地;後生,我自處」(前方面對死地,是敵人設下的陷阱;後方是生路,是我方選擇的立足之地)。

095

48 處軍之宜

九・行軍

曹操曰:「擇便利而行也。」

原文

凡此四軍之利,黃帝之所以勝四帝也。凡軍好高而惡下,貴陽而賤陰,養生而處實,軍無百疾,是謂必勝。丘陵堤防,必處其陽而右背之。此兵之利,地之助也。

譯文

上文所提的四種軍隊駐紮原則,正是在戰爭中獲勝的關鍵,也是黃帝戰勝四方部落的原因。一般來說,軍隊駐紮時應當選擇地勢較高處,避免低窪地區;選擇向陽的地方,避開陰暗潮溼的環境;靠近水草豐富的地帶,以便於人馬補給充足,確保軍中不會因為缺乏資源而產生疾病困擾。這些都是獲勝的必要條件。此外,在丘陵與河堤地區駐紮時,也務必選擇向陽處,並背靠高地駐紮。這些駐紮原則不僅能夠提升軍隊作戰的能力,還能提供有利的地形輔助作戰。

啟示

上篇講述如何安置軍隊,這與我們在不同領域中管理團隊或產品的方式有異曲同工之妙。本篇及後續內容中,將出現三個「凡是」,其中第一個「凡是」主要用來總結上文,並引用黃帝打敗四方諸侯的歷史事例,作為強而有力的論證依據。值得注意的是,這也是《孫子兵法》中首次提及「兵陰陽」及「五行」的概念,其中,有三個關鍵字特別值得關注:「陰陽」、「順逆」與「向背」。「陰陽」是指古人對自然地理規律的洞察與運用,例如向陽的環境較為乾燥、不易滋生病蟲,能夠保障軍隊的健康與戰力;相反,陰溼之地則可能帶來疾病與不適,影響士氣與戰鬥力。「順逆」則是以實用性為基礎,提出軍隊駐紮時,若後方有所依靠,將有助於穩定軍心,更能集中注意力在前線作戰,確保戰略部署更加有效。「向背」則指的是選擇背靠高地的地點駐紮,使己方能夠居高臨下,不僅有利於防守,也有利於出擊。

這些概念不僅適用於軍事戰略,同樣適用於團隊管理與產品經營。無論是團隊還是產品,首先要具備基本的素質與核心競爭力——團隊要有專業能力,產品要有良好的品質,品牌要有清晰的形象定位。以此為基礎,找到適合「向陽」發展的環境,使其茁壯成長;同時,也要找到適合「向背」的防守位置,確保穩健發展。

總結:我們所處的環境時刻在變化,若內心軟弱,便會隨風搖擺;內心堅強,才能專注於自身的發展,向陽、向背而生。

處軍之宜

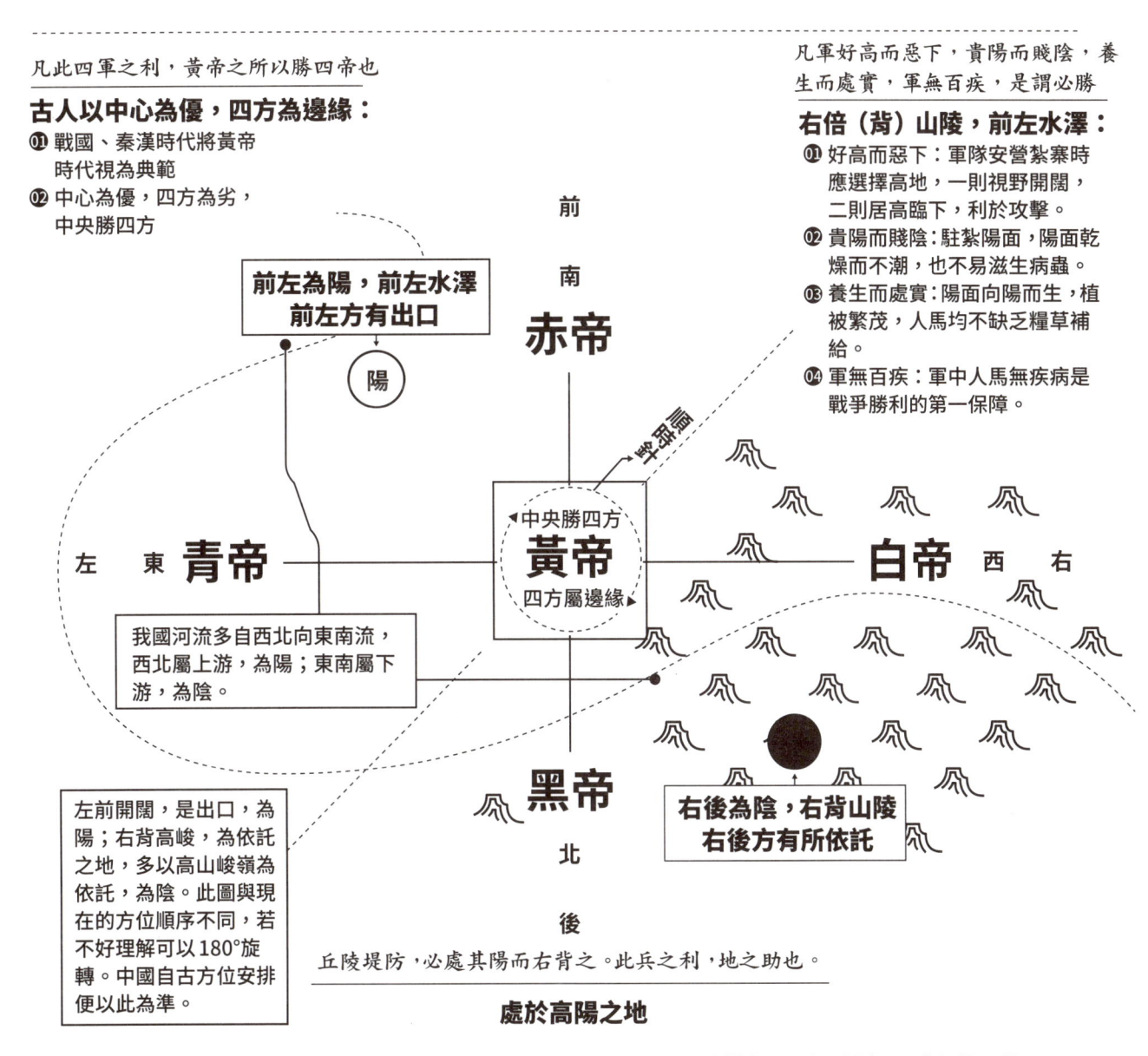

凡此四軍之利，黃帝之所以勝四帝也

古人以中心為優，四方為邊緣：
- ① 戰國、秦漢時代將黃帝時代視為典範
- ② 中心為優，四方為劣，中央勝四方

凡軍好高而惡下，貴陽而賤陰，養生而處實，軍無百疾，是謂必勝

右倍（背）山陵，前左水澤：
- ① 好高而惡下：軍隊安營紮寨時應選擇高地，一則視野開闊，二則居高臨下，利於攻擊。
- ② 貴陽而賤陰：駐紮陽面，陽面乾燥而不潮，也不易滋生病蟲。
- ③ 養生而處實：陽面向陽而生，植被繁茂，人馬均不缺乏糧草補給。
- ④ 軍無百疾：軍中人馬無疾病是戰爭勝利的第一保障。

前左為陽，前左水澤前左方有出口

前 南
赤帝

左 東 青帝 — 中央勝四方 黃帝 四方屬邊緣 — 白帝 西 右

我國河流多自西北向東南流，西北屬上游，為陽；東南屬下游，為陰。

黑帝
北
後

左前開闊，是出口，為陽；右背高峻，為依託之地，多以高山峻嶺為依託，為陰。此圖與現在的方位順序不同，若不好理解可以180°旋轉。中國自古方位安排便以此為準。

右後為陰，右背山陵右後方有所依託

丘陵堤防，必處其陽而右背之。此兵之利，地之助也。

處於高陽之地

駐紮丘陵、堤壩處，要先占據向陽之地。前文也提到，斥澤、平原可依樹木；河流、湖泊，可依河堤。利用、依託地形是用兵部署的基本原則。

49 處軍之忌

九・行軍

曹操曰：「擇便利而行也。」

原文

上雨，水沫至，欲涉者，待其定也。凡地有絕澗、天井、天牢、天羅、天陷、天隙，必亟去之，勿近也。吾遠之，敵近之；吾迎之，敵背之。軍行有險阻、潢井、葭葦、山林、蘙薈者，必謹覆索之，此伏奸之所處也。

譯文

當上游降下大量雨水，即將引發洪水時，若我方部隊需要渡河，務必等到洪水退去，水流趨於平穩之後再過河。凡是地形存在「絕澗」、「天井」、「天牢」、「天羅」、「天陷」、「天隙」等險峻環境時，務必迅速撤離此地，切勿停留或接近。我方應遠離這些險惡地勢，並誘導敵軍靠近，使其陷入困境，同時，我方應面向這類地形，使敵軍不得不背對或依託於此等險地，從而削弱對方的作戰能力。

行軍過程中，若遇到懸崖峭壁間狹窄險要的地形、低窪易積水的沼澤地帶、蘆葦叢生使視線受阻的環境、樹木茂盛難以察覺敵蹤的叢林，或是草木繁盛易於藏匿的區域，務必格外謹慎，並反覆地搜索檢查，因為此五種地形都是容易被敵軍設下埋伏或偵察我軍行蹤的地方。

啟示

前篇文章講述的是軍隊應該如何選擇合適的駐紮地點，本篇則反過來提醒行軍時務必要注意的地形。首先，孫子提到六種最危險的地形；接著，再指出行軍過程中應當避免的五種「陷阱」。這些法則源自古人對自然環境的深刻洞察，其道理同樣用於現代生活與工作。前人已反覆提醒哪些行為充滿風險，然而仍有許多人執意要親自嘗試。例如，明知前方險峻，卻仍想貿然前行；明知坑洞深不可測，卻偏要深入探索；又或者，面對能困住獵物的「天牢」時，仍有人選擇自投羅網，最終落得失敗收場。

這些地形不只是實際的險地，也象徵容易被表象迷惑的情境。因此，本篇的重點在於：必須深入思考、求證，才能看穿表象、理解真相。

總結：「學而不思則罔，思而不學則殆」，若只學習而不思考，終將迷失方向；若只憑空思考卻不學習、不求證，則會陷入空想。

處軍之忌

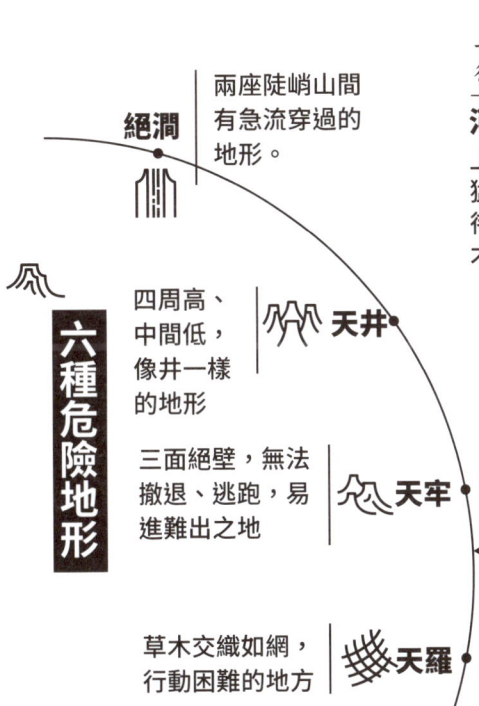

六種危險地形

- **絕澗**：兩座陡峭山間有急流穿過的地形。
- **天井**：四周高、中間低，像井一樣的地形
- **天牢**：三面絕壁，無法撤退、逃跑，易進難出之地
- **天羅**：草木交織如網，行動困難的地方
- **天陷**：地勢低窪、沼澤連綿、泥濘易阻的地方
- **天隙**：地形狹窄，不易通過，有如縫隙的地方

五種行軍地形

上雨，水沫至，欲涉者，待其定也。

河流湖泊的高陽之地
上游雨水容易導致下游水勢猛漲，所以要過河時，應等待洪水退去、水流穩定時，才能避免隊伍被沖散。

- **險阻**：懸崖絕壁上狹窄而險要的地帶
- **潢井**：沼澤地，積水後的低窪溼地
- **葭葦**：蘆葦叢生的地帶
- **山林**：樹木茂盛的叢林地帶
- **翳薈**：草木繁盛的地帶

必亟去之，勿近也。吾遠之，敵近之；吾迎之，敵背之。

01 必亟去之，勿近也
遇到此類地形，迅速離開，不宜接近。

02 吾遠之，敵近之
我方必須離開此類地形，讓對方去接近。

03 吾迎之，敵背之
我方應面向此類地形，並讓敵人去背對它。

必謹覆索之，此伏奸之所處也。

01 必謹覆索之
行軍於以上地形時務必謹慎，須反覆檢查搜索。

02 此伏奸之所處也
以上地形都是對方可能設有埋伏或隱藏偵察的地方。

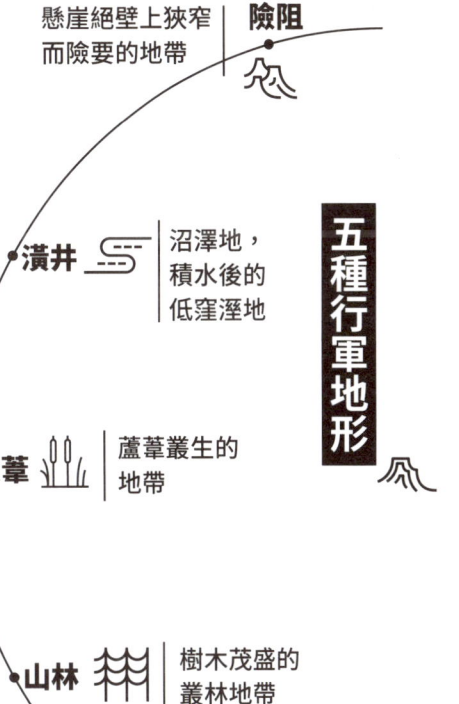

九・行軍

50 相敵十七

曹操曰：「擇便利而行也。」

原文

敵近而靜者，恃其險也；遠而挑戰者，欲人之進也；其所居易者，利也。眾樹動者，來也；眾草多障者，疑也；鳥起者，伏也；獸駭者，覆也。塵高而銳者，車來也；卑而廣者，徒來也；散而條達者，樵采也；少而往來者，營軍也。辭卑而益備者，進也；辭強而進驅者，退也；輕車先出居其側者，陳也；無約而請和者，謀也；奔走而陳兵車者，期也；半進半退者，誘也。

譯文

若敵軍距離我方很近，卻異常安靜，極有可能是對方占據了險要地形；若敵軍駐紮在遠處，卻刻意挑釁，則很可能是想引誘我方出擊，使我軍落入圈套；若敵軍駐紮在平坦開闊的地區，那麼對方已經擁有地形上的優勢，必須謹慎應對。若樹林搖動，多半是有敵軍隱藏於其中，且正在移動；若草叢間出現障礙物，很可能是敵軍設下的陷阱；若遠處的鳥群受驚飛起，則其下方極有可能埋藏伏兵；若野獸受驚擾而四處奔走，很可能是大批敵人正在來襲。若揚起的塵土高而尖，是敵軍驅使戰車疾馳而來；塵土橫向飄散且範圍廣闊，則是敵軍徒步向我方前進；塵土散亂無序，則可能是敵軍在伐木砍柴；塵土量少且斷斷續續，則是敵人在安營紮寨。

若敵方使者措辭卑微謙遜，而後方軍隊卻處於戰備狀態，則極可能是準備發動進攻；若敵方使者態度強硬，後方部隊卻假裝行動，則極可能是準備撤退；若敵軍派遣輕裝戰車先出動，並在兩側展開部署，則表明對方已經準備布陣迎戰；若敵軍並未事先議定，卻主動前來求和，則極可能暗藏詭計；若敵軍行動急促，忙於奔走布陣，則表明對方已準備與我軍決戰；若敵人半退半進，則可能是圖謀引誘我軍深入。

啟示

本篇涉及「相敵三十二」中的前十七個，揭示古人對這個世界的認知，主要從兩個方面切入理解：一是透過肉眼觀察，稱之為「相」；二是透過分析計算，稱之為「卜」。「相敵」是一種有目的性的觀察行為，透過觀察敵軍的動態來累積情報，進而形成「計算」戰略的基礎，以輔助決策判斷。

讀至此處，我們應當明白，《孫子兵法》全文都必須以辯證思維來理解。前文提過，「一體兩面」是《孫子兵法》的根本，孫子一方面講述具體的「相法」，另一方面也提醒必須防範這些「相法」被用在自己身上。例如，「鳥起者，伏也」，敵方的行動有可能與本篇中所描述的不同，敵軍可能沒有埋伏於鳥群下方。孫子教導我們的是──學會判別「相」，但不要被「表相」所迷惑。

總結：內在與外在的世界是不同的，能夠看清這兩者並靈活應對，才能達到更高的境界。若固執己見，則難以走上成功之路。

相敵十七

相敵即觀察地形

01 敵近而靜者，恃其險也
敵人逼近時，卻按兵不動，原因在於對方已占據險要地形。

02 遠而挑戰者，欲人之進也
敵人遠離我方，卻前來挑釁，是想引誘我方前進。

03 其所居易者，利也
敵人之所以駐紮於平坦之地，捨險而居易，是想誘我方前進，利於決戰。

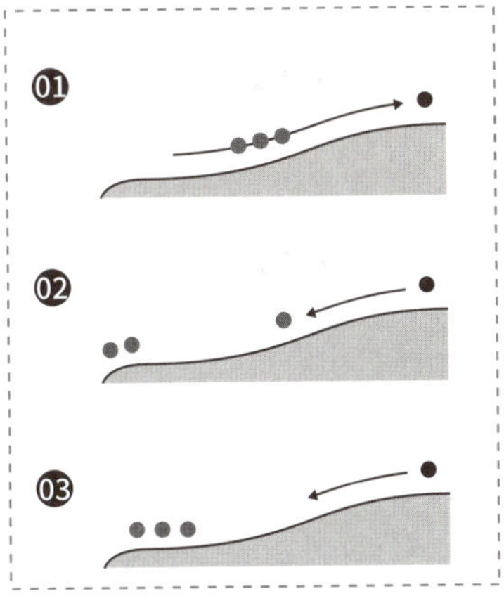

相敵即觀察草木鳥獸

04 眾樹動者，來也
觀察樹木的動向，沒有風卻有搖動的跡象，則對方隱蔽其中。

05 眾草多障者，疑也
在草叢中發現障礙物時，多為敵人設置的陷阱

06 鳥起者，伏也
鳥飛起來，必定是受到驚擾，則下方必然存在伏兵

07 獸駭者，覆也
野獸被驚擾後會奔走，這預示著附近必有敵人襲來

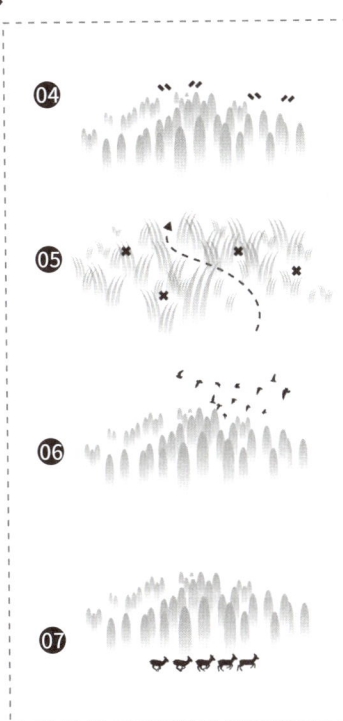

相敵即以塵判相

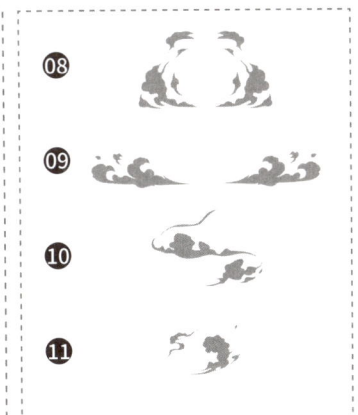

08 塵高而銳者，車來也
若塵土飛揚得高且尖，預示著有戰車向我方襲來。

09 卑而廣者，徒來也
若塵土飛揚得橫且低，且面積較廣，則預示著有步兵向我方襲來。

10 散而條達者，樵采也
塵土散亂縱橫，則是對方在砍柴劈木。

11 少而往來者，營軍也
塵土少且時有時無，則是對方軍隊在安營紮寨。

相敵即觀察敵方行跡

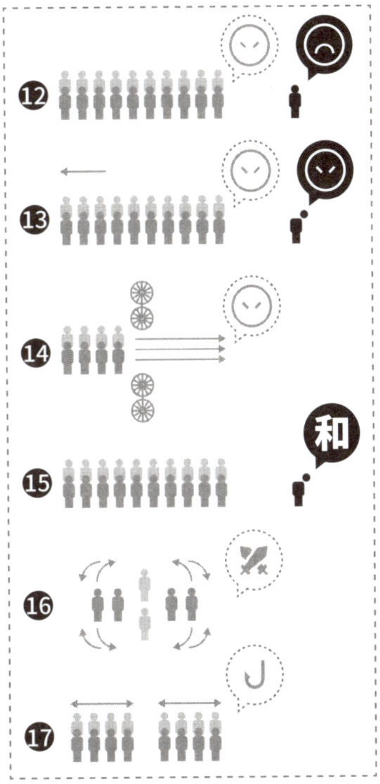

12 辭卑而益備者，進也
對方使者言辭卑微，後方部隊卻是戰備，預示著對方準備進攻。

13 辭強而進驅者，退也
對方使者言辭強橫，後方部隊假裝進攻，這預示著對方準備撤退了。

14 輕車先出居其側者，陳也
對方輕車出動並部署兩側，預示對方準備排兵布陣，進入戰鬥狀態。

15 無約而請和者，謀也
沒有與我方約定，卻前來請求議和，則是另有陰謀。

16 奔走而陳兵車者，期也
對方的兵卒奔走，並且兵車列陣，是準備要與我方決戰了。

17 半進半退者，誘也
對方半進半退，似進似退，則是企圖引誘、調動我方兵力。

101

51 相敵心理

九・行軍

曹操曰：「擇便利而行也。」

原文

杖而立者，飢也；汲而先飲者，渴也；見利而不進者，勞也。鳥集者，虛也；夜呼者，恐也；軍擾者，將不重也；旌旗動者，亂也；吏怒者，倦也；粟馬肉食，軍無懸瓿，不返其舍者，窮寇也；諄諄翕翕，徐與人言者，失眾也；數賞者，窘也；數罰者，困也；先暴而後畏其眾者，不精之至也；來委謝者，欲休息也。兵怒而相迎，久而不合，又不相去，必謹察之。

譯文

（承上篇）敵軍兵卒倚靠兵器或樹枝站立，表示他們因飢餓而虛弱無力；敵軍兵卒打完水後爭相搶著飲用，表示將士們缺水；若敵軍發現利益而不去爭取，表示他們疲憊不堪；若敵方營帳上空有飛鳥盤旋，則營寨必定是空無一人；敵軍夜間驚慌喊叫，顯示其內心緊張、恐懼不安；敵軍彼此相互驚擾，則表明其將帥治兵不嚴，威望已失；若敵軍旗幟搖擺不定、混亂無序，說明敵人軍心已亂；若敵軍將帥無故發怒，可推測是其內部士氣低落，對戰事已心生厭倦；若對方用人吃的糧食餵馬，甚至屠宰拉輜重的牛隻，毀壞炊具，則表示不打算再回營地，準備拚死一戰；若敵軍將領與部下溝通時態度卑微，顯示其已失去威信，不受士兵信服；敵軍將領若頻繁賞賜兵卒，說明敵軍已陷入窘境；若敵軍將領不斷處罰下屬，說明敵軍已經陷入困境；若敵軍將領先對部下粗暴無禮，後來又對其禮遇有加，則說明這個將領糊塗至極，毫無治軍能力；若敵方使者措辭委婉、態度謙和，可能是想休戰；但若敵軍來勢洶洶，卻遲遲不發動攻擊，也不撤退，則須謹慎查明其真實意圖。

啟示

本篇所述的十五條「相敵」之法，接續上篇的十七條「相敵」，合計三十二條，皆屬於在戰場上觀察敵情的方法。然而，正如上文所提到的，這些判斷多屬於表象，雖然能為己方提供警示，但也不能忽視「一體兩面」的道理。換言之，這三十二條「相敵」之法並非絕對真理，也可能是假象。若一味當真，那麼很可能會成為弱點，給敵人留下可乘之機。

上篇曾以「鳥起者，伏也」為例子，當群鳥驚起而飛，很大機率是有敵人埋伏於下方，或有敵軍來襲，但這也有可能是敵軍故意製造的假象，藉此引誘我方誤判。因此，上篇與本篇都是在提醒我們，世事皆有「一體兩面」，不可僅憑表象下結論。

由此可見，三十二條「相敵」之法的關鍵，在於告訴我們，觀察只是判斷問題的第一步。應該以此為基礎，先假設觀察到的情況為真，再進一步深入分析、驗證，辨明敵軍的真實意圖，最終才能做出正確決策。

總結：觀察是判斷的基礎，應先假設其為「真」，再透過驗證分析其是否為「真」，來判斷對方的真實企圖。

相敵心理

① 杖而立者，飢也
若敵軍士兵倚靠兵器或樹枝站立，表示他們因飢餓而虛弱無力。

② 汲而先飲者，渴也
若敵軍士兵打完水後爭相搶著飲用，表示將士們缺水。

③ 見利而不進者，勞也
若敵軍發現利益而不去爭取，表示他們疲憊不堪。

④ 鳥集者，虛也
若對方營帳上空有飛鳥盤旋，則營寨必定空無一人。

⑤ 夜呼者，恐也
若敵軍夜間驚慌喊叫，顯示其內心緊張、恐懼不安。

⑥ 軍擾者，將不重也
若敵軍彼此相互驚擾，則表明其將帥治兵不嚴，威望已失。

⑦ 旌旗動者，亂也
若敵軍旗幟搖擺不定、混亂無序，說明敵人軍心已亂。

觀察 👁

洞察

思考 🧠

⑧ 吏怒者，倦也
若敵軍將帥無故發怒，可推測是其內部士氣低落，對戰事已心生厭倦。

⑨ 粟馬肉食，軍無懸瓿，不返其舍者，窮寇也
若對方用人吃的糧食餵馬，甚至屠宰拉輜重的牛隻，毀壞炊具，則表示不打算再回營地，準備拚死一戰。

⑩ 諄諄翕翕，徐與人言者，失眾也
若敵軍將領與部下溝通時態度卑微，顯示其已失去威信，不受士兵信服。

⑪ 數賞者，窘也
若敵軍將領頻繁賞賜士兵，說明敵軍已陷入窘境。

⑫ 數罰者，困也
若敵軍將領不斷處罰下屬，說明敵軍已經陷入困境。

⑬ 先暴而後畏其眾者，不精之至也
若敵軍將領先對部下粗暴無禮，後又對其禮遇有加，則說明這個將領糊塗至極，毫無治軍能力。

⑭ 來委謝者，欲休息也
若敵方使者措辭委婉、態度謙和，可能是想休戰。

⑮ 兵怒而相迎，久而不合，又不相去，必謹察之
若敵軍來勢洶洶，卻遲遲不發動攻擊，也不撤退，則須謹慎查明其真實意圖。

九・行軍

52 軟硬兼施
曹操曰：「擇便利而行也。」

原文

兵非益多也，惟無武進，足以並力、料敵、取人而已。夫惟無慮而易敵者，必擒於人。卒未親附而罰之，則不服，不服則難用也。卒已親附而罰不行，則不可用也。故令之以文，齊之以武，是謂必取。令素行以教其民，則民服；令不素行以教其民，則民不服。令素行者，與眾相得也。

譯文

戰爭的勝負並非單純取決於兵力的多寡，重點在於不輕敵、不武斷冒進，並且集中兵力，準確判斷對方的真實企圖，才能戰勝敵軍。凡是缺乏深謀遠慮又輕敵冒進之人，最終必定會落入敵人的圈套，甚至淪為俘虜。若兵卒尚未對將領產生忠誠與歸屬感，就急於懲罰，勢必引起不滿，而不滿則會影響軍隊的指揮與作戰效率。若一味拉攏兵卒，不嚴格執行軍紀，這些兵卒也無法成為可用之兵。因此，軍隊管理需兼具「文」與「武」兩種手段，用柔和的方式凝聚人心，以嚴格的紀律使軍隊步調一致，這是邁向勝利的兩大必要條件。

平時透過嚴格訓練與紀律管教，使兵卒養成服從的習慣，輔以公平透明的賞罰制度，便能提升軍隊的凝聚力與戰鬥力。反之，若平時訓練鬆散，獎懲不公，則士兵將養成抗命的惡習。軍中命令能貫徹執行，表示將帥與士兵之間相處融洽。

啟示

勝利的關鍵在於兼具「文」與「武」的管理方式，即軟硬兼施、剛柔並濟。「文」與「武」看似對立，實則相輔相成，猶如陰陽相生，使萬物維持平衡與發展。「軟」並非軟弱的意思，而是建立在實事求是、遵循規律、發揮個人能力的基礎上，最終讓軍隊對將領產生足夠的信任（即「軟」）。而「硬」也並非字面意思的剛硬，而是依循軍紀行事，確保軍令得以有效執行。因此，不可只從字面解讀。本篇是對前文內容的總結，〈行軍篇〉先闡述「處軍」，即在山地、水域、沼澤與平地等不同地形上安營紮寨的原則，後論「相敵」的三十二種觀察敵軍動向的方法，最後以「令素行者，與眾相得也」為準則，強調軍紀。

總結：「臺上一分鐘，臺下十年功」，面對變化能隨機應變，非一時的智慧，而是長期訓練與養成的結果。

軟硬兼施

兵非益多也，惟無武進，足以並力、料敵、取人而已。夫惟無慮而易敵者，必擒於人。

兵不在多，而在善用
- ❶ 兵非益多也，惟無武進：兵力不是越多越好，重點在於不武斷冒進。
- ❷ 足以並力、料敵、取人：就能集中力量，判明敵情，取得勝利。
- ❸ 夫惟無慮而易敵者，必擒於人：缺乏深思熟慮、一味冒進者，定會被俘虜。

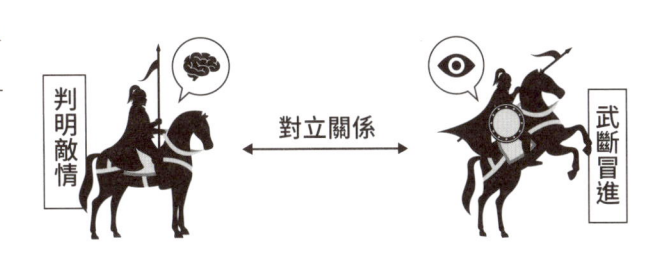

判明敵情 ←對立關係→ 武斷冒進

卒未親附而罰之，則不服，不服則難用也。　←對立關係→　卒已親附而罰不行，則不可用也。

硬罰在前，不服難用
未親附─罰─不服─難用
兵卒不信任將領時，就施加懲罰，可能會引起不服的心理，導致不聽從指揮調動。

親近在前，不行軍紀，不可用
已親附─不行─不可用
兵卒信任將領，但將領賞罰不明，該罰時不罰，這樣訓練出來的兵卒也不可用。

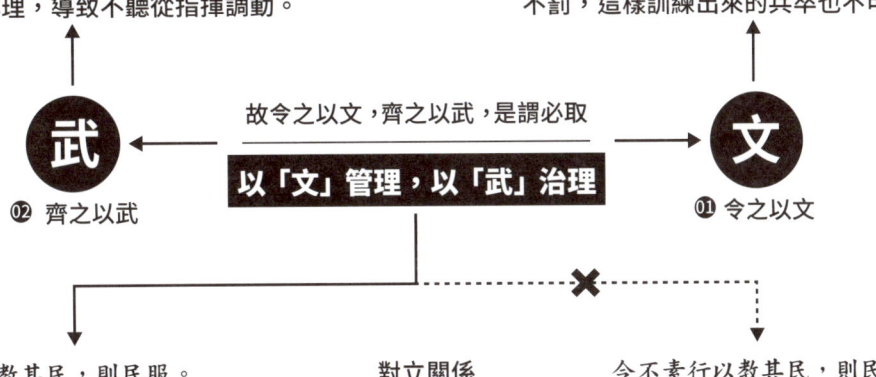

故令之以文，齊之以武，是謂必取

武 ← **以「文」管理，以「武」治理** → **文**
❷ 齊之以武　　　　　　　　　　　　　　❶ 令之以文

令素行以教其民，則民服。　←對立關係→　令不素行以教其民，則民不服。

法令素行
平時若能嚴格管教並確實執行紀律（即「文」與「武」），士兵自然會產生信任與服從，進而養成良好的習慣。

法令不素行
平時若沒有嚴加管教、不嚴格執行紀律，兵卒就不會產生信任與服從，不利於養成良好習慣。

令素行者，與眾相得也。

軟硬兼施的目的
平時賞罰分明，並能貫徹執行紀律，
表示將帥與兵卒關係融洽。

十・地形

53 地有六形

曹操曰：「欲戰，審地形以立勝也。」

原文

孫子曰：地形有通者，有掛者，有支者，有隘者，有險者，有遠者。我可以往，彼可以來，曰通。通形者，先居高陽，利糧道，以戰則利。可以往，難以返，曰掛。掛形者，敵無備，出而勝之；敵若有備，出而不勝，難以返，不利。我出而不利，彼出而不利，曰支。支形者，敵雖利我，我無出也；引而去之，令敵半出而擊之，利。隘形者，我先居之，必盈之以待敵；若敵先居之，盈而勿從，不盈而從之。險形者，我先居之，必居高陽以待敵；若敵先居之，引而去之，勿從也。遠形者，勢均，難以挑戰，戰而不利。凡此六者，地之道也，將之至任，不可不察也。

譯文

孫子說：作戰地形可分為「通」、「掛」、「支」、「隘」、「險」、「遠」六種。「通」是指我軍與敵軍皆可自由往來的地形。在這種地形上，我軍應當優先占領的向陽高地，以確保補給線的安全，若能在此與敵軍交戰，我方將能占據地利的優勢。「掛」是指易進難出的地形。若敵軍在此地沒有防備，可發動突襲，迅速取勝；若敵軍已有防備，則不宜貿然出擊，否則一旦戰局不利，撤退困難，反而會陷入險境。「支」是指對雙方而言均不利於進攻的地形。在這種地勢中，即使敵軍設下誘餌，我軍也不可輕舉妄動。最佳策略是率軍撤離，誘使敵軍出兵，待其行軍至半途時再回師反擊，如此才能掌握戰場的主導權。「隘」是指出口狹窄的地形。若我軍先行抵達，應立刻占據隘口要塞，並派遣重兵嚴密把守，待敵軍到來後再伺機應對；若敵軍已先占據了隘口且重兵把守，我軍則不宜強行攻擊；若敵軍未以重兵防守隘口，我軍應迅速奪取，並進一步展開進攻。「險」是指地勢險要的地形。在此類地形作戰，我軍應先占據向陽高地，穩固陣地後再部署軍隊，靜待敵軍來襲；若敵軍已經搶占高地，我軍應主動撤離，不要與之正面交戰。「遠」是指敵我雙方相距遙遠。若敵我勢均力敵，則不宜主動發起戰鬥，若勉強求戰，必對我方不利。此六種地形，是利用地形取勝的基本原則，將帥統領軍隊的責任重大，必須仔細研究並審慎應對。

啟示

〈行軍篇〉所討論的「地」，著重於如何最大化行軍過程中的利益，內容十分具體，例如：哪種路易行、哪些路難行；哪些路可通行，哪些路應避免；如何加速行軍，如何減少行軍阻力等，最終目標是實現戰略層面的「以迂為直」。

而〈地形篇〉所討論的「地」，則是進入戰場後，如何根據實際地勢來判斷對作戰有利與不利的位置，這就是「相地」。換句話說，若將戰爭比喻為商業競爭，則〈行軍篇〉可以類比為建立銷售渠道，而〈地形篇〉則像在規畫終端市場與展示平臺。

總結：本篇列舉的六種地形，是指能夠左右戰局的地形。這些戰略不僅我方可以運用，敵軍也可以。

地有六形

〈地形篇〉和〈行軍篇〉都有提到「地形」，但兩者不同。〈行軍篇〉的「地形」（山、水、斥澤、平地）著重在行軍之地形，目的在於「與軍爭利，以迂為直」。〈地形篇〉的「地形」則著重於交戰之地形，以「六地」（通、掛、支、隘、險、遠）來襯托兵的「六敗」。

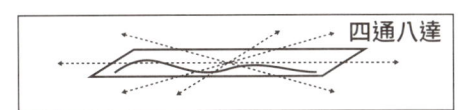

「通」即四通八達
我軍與敵軍皆可自由往來的地形。

四通八達的地形屬於平坦地帶，在這種地形上，應當搶占向陽的高地，以確保糧道暢通，在此情況下與敵交戰是有利的。

「掛」即易往難返地帶
指易進難出的地形，如華山。

「掛」地，若敵軍在此地沒有防備，可發動突襲，迅速取勝；若敵軍已有防備，則不宜貿然出擊，否則一旦戰局不利，撤退困難，反而會陷入險境。

「遠」即雙方距離遠
「遠」地是指敵我雙方相距遙遠。若敵我勢均力敵，則不宜主動發起戰鬥，這有違「以逸待勞」之原則。

地利相同

「險」即高下懸殊險要
先占向陽高地，利用地形對付敵方。

「險」地如果被敵人先占領，應儘快撤離此地，不要去打。

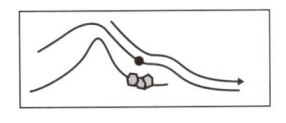

「支」即敵我難進
對敵我雙方而言均不利於進攻的地形，稱為「支」。

「支」地，即使敵軍設下誘餌，我軍也不可輕舉妄動。最佳策略是率軍撤離，誘使敵軍出兵，待其行軍至半途時再回師反擊。

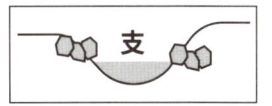

「隘」即出口狹隘
出口狹窄的地形，應先占據隘口要塞以待敵來襲。

若敵軍已先占據了隘口且重兵把守，我軍則不宜強行攻擊；若敵軍未以重兵防守隘口，我軍應迅速奪取。

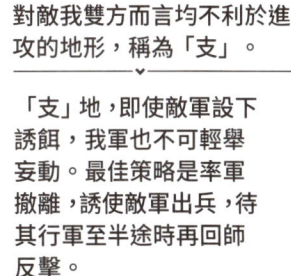

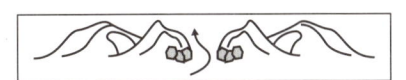

歷史案例：唐玄宗李隆基時代，安祿山叛亂，李隆基命令名將哥舒翰出戰守潼關。潼關與函谷關兩關之間全為隘路，奸臣楊國忠以假消息稟報李隆基，說安祿山已經潰敗，建議哥舒翰出戰，李隆基誤判並准許哥舒翰出戰，使得一代名將哥舒翰被早已準備好的安祿山部隊全殲於隘路之上，二十萬人全軍覆沒。

54 兵有六敗

十・地形

曹操曰：「欲戰，審地形以立勝也。」

原文

故兵有走者，有弛者，有陷者，有崩者，有亂者，有北者。凡此六者，非天地之災，將之過也。夫勢均，以一擊十，曰走；卒強吏弱，曰弛；吏強卒弱，曰陷；大吏怒而不服，遇敵懟而自戰，將不知其能，曰崩；將弱不嚴，教道不明，吏卒無常，陳兵縱橫，曰亂；將不能料敵，以少合眾，以弱擊強，兵無選鋒，曰北。凡此六者，敗之道也，將之至任，不可不察也。

譯文

用兵之道中，有「走」、「弛」、「陷」、「崩」、「亂」、「北」等六種必敗的情況。這六種情況，並非天災所致，而是將帥用兵不當所造成的錯誤。若雙方所處的地理條件相同，但將帥指揮不當，導致以少敵多、寡不敵眾而軍隊潰散，稱之為「走」。若士兵實力堅強，但將帥能力不足，稱之為「弛」。若將帥能力強悍，士兵卻軟弱，稱之為「陷」。若副將不服從主將統一調度，遭遇敵人時擅自出戰，而將帥不知他們的真實戰力，導致策略安排失當，稱之為「崩」。若將領無謀且缺乏威嚴，軍中規範鬆散，將士無法遵守軍紀，排兵布陣混亂無序，稱之為「亂」。將帥無法正確判斷敵軍情況，貿然以劣勢對抗敵方優勢，以弱攻強，且軍隊內部編制混亂，稱之為「北」。此六種情況，皆是導致兵敗的關鍵因素。作為將帥，責任重大，需深入研究並審慎決策。

啟示

前文講述地形，本文則討論人，兩者密不可分。地形是固定不變的「利」，不同地形具有其天然優勢，軍隊需依地形而動，靈活運用地形優勢，以發揮最大戰略價值，最終達成克敵制勝的目標。因此，利用地形是率兵作戰的手段，而能否真正取勝，還得看將領是否懂得有效地帶兵。

該如何把這六種情況應用到日常生活與職場工作中？例如，在領導團隊、提升產品銷量或確保企業穩健經營時，應根據實際情況，逐步分析並解決問題，而不是一味歸咎外部環境。

總結：「三省吾身」困難的地方，在於我們是否能用辯證的態度來審視自己，勇於否定原有的想法，並且客觀地分析與面對那些被否定的觀點。

兵有六敗

夫勢均，以一擊十，曰走。

「走」即敗走、逃跑
雙方所處的地理條件相同，但將帥指揮不當，導致以少敵多、寡不敵眾而軍隊潰散。

將不能料敵，以少合眾，以弱擊強，兵無選鋒，曰北。

「北」即敗北
將帥無法正確判斷敵軍情況，貿然以劣勢對抗敵方優勢，以弱攻強，且軍隊內部編制混亂，則交戰必敗。

卒強吏弱，曰弛。

「弛」即紀律鬆弛
若兵卒實力堅強，但將帥能力不足，無法指揮兵卒，隊伍就會缺乏紀律。

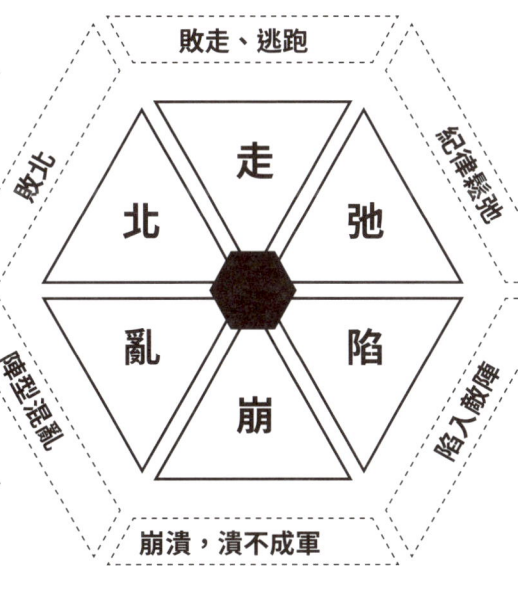

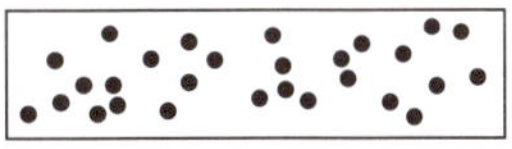

將弱不嚴，教道不明，吏卒無常，陳兵縱橫，曰亂。

「亂」即陣型混亂
若將領無謀且缺乏威嚴，軍中規範鬆散，將士就不會遵守軍紀，排兵布陣也會混亂無序。

吏強卒弱，曰陷。

「陷」即陷入敵陣
若將帥能力強悍，兵卒太過軟弱以至於跟不上將領的節奏，則逢戰必敗。

大吏怒而不服，遇敵懟而自戰，將不知其能，曰崩。

「崩」即崩潰，潰不成軍
若副將不服從主將統一調度，遭遇敵人時擅自出戰，而將帥不知他們的真實戰力，導致策略安排失當，則部隊定會崩潰。

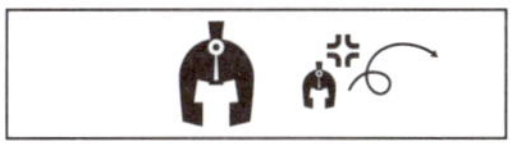

凡此六者，非天地之災，將之過也。

從主觀層面來看，打了敗仗時，人們常常歸咎於外在因素，比如突然下起大雨，地面出現陷坑等；然而從客觀層面來說，正如孫子所言：「非天地之災，將之過也。」意思是，失敗的責任不在天、不在地，也不在士兵，而在於指揮將領本身。錯誤出在用兵者的決策失當、態度忽軟忽硬，以及自以為是等問題上。

凡此六者，敗之道也，將之至任，不可不察也。

這六種情況，都極容易導致軍隊敗亡。所謂「死生之地，存亡之道」，一旦兵敗，很可能導致國家滅亡，這是關乎國運的大事，因此將帥一定要深入研究。然而，人非聖賢，誰能無過？重點在於犯錯之後能否及時修正。不應怨天尤人，而應反求諸己，然而，只有少數人有機會反省。

109

55 上將之道

十・地形

曹操曰：欲戰，審地形以立勝也。

原文

夫地形者，兵之助也。料敵制勝，計險厄遠近，上將之道也。知此而用戰者必勝，不知此而用戰者必敗。故戰道必勝，主曰無戰，必戰可也；戰道不勝，主曰必戰，無戰可也。故進不求名，退不避罪，唯人是保，而利合於主，國之寶也。

譯文

地形能夠幫助用兵作戰（兵為主，地為輔）。將帥應預測並判斷敵軍動向（知彼知己），仔細分析「通、掛、支、隘、險、遠」等六種地形（知地），以此制定有利的戰略計畫，這是將帥的重要職責。

精通此道的將帥帶兵作戰，必然能夠克敵制勝；不懂此道的將帥帶兵作戰，則必然會失敗。因此，將師應當根據戰爭的規律與前線的實際情況進行判斷，若是必勝的戰局，儘管國君下令不可出戰，也應當果斷出兵；反之，若戰局不利，即使國君下令出征，也應審慎決策，不輕易發動攻勢。

由此可見，發動戰爭的目的，並非為了謀求戰勝的名聲；戰敗或選擇不戰，也不應是為了逃避失利的罪責，唯有一心為國、以百姓安危為先，且所作所為皆符合國君利益的將領，才是真正值得國家倚重的人才。

啟示

本篇先論「六地」，後論「六敗」。所謂「夫地形者，兵之助也」，地形固然重要，但也只是用兵的輔助手段，戰爭的關鍵仍在於軍隊。「六敗」之因素不可忽視，應時刻警惕，避免發生這些因素。軍隊是戰爭的主體，絕不可有絲毫差錯；而地形則為輔助條件，因此必須深入研究「六地」，根據不同的地形要採取不同的作戰方針，如此方能最大程度發揮我方優勢，並有效減少兵力的損耗。

唯有知彼知己（對外分析敵軍，對內掌握自身實力，以發揮最大戰力）、熟悉地形（了解六地，降低戰爭損耗），並靈活應用於實戰，「進不求名，退不避罪」，方為成為優秀的將帥。

總結：洞察地形，方能調度好軍隊；掌握兵法，則能善用地形。這句話是針對將帥而寫的，兩者缺一不可，唯有兼顧，方能取得勝利。

上將之道

排除六敗因素，預先判斷敵情

時刻警下列敗兵因素的發生，保住「本錢」，即保住戰爭之主要戰力，不容有差錯。

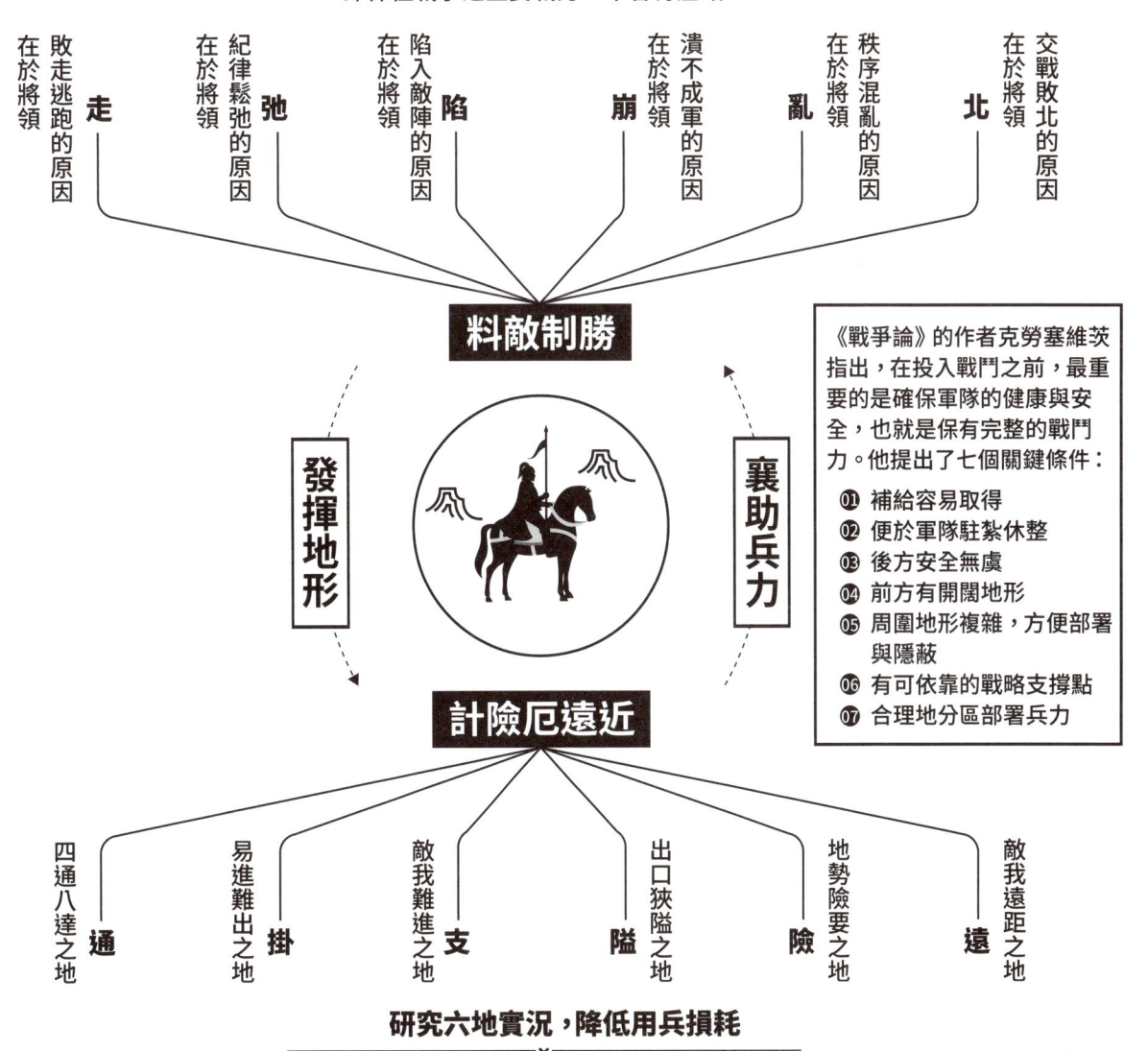

- **走**：敗走逃跑的原因在於將領
- **弛**：紀律鬆弛的原因在於將領
- **陷**：陷入敵陣的原因在於將領
- **崩**：潰不成軍的原因在於將領
- **亂**：秩序混亂的原因在於將領
- **北**：交戰敗北的原因在於將領

料敵制勝

- 發揮地形
- 襄助兵力

《戰爭論》的作者克勞塞維茨指出，在投入戰鬥之前，最重要的是確保軍隊的健康與安全，也就是保有完整的戰鬥力。他提出了七個關鍵條件：

01. 補給容易取得
02. 便於軍隊駐紮休整
03. 後方安全無虞
04. 前方有開闊地形
05. 周圍地形複雜，方便部署與隱蔽
06. 有可依靠的戰略支撐點
07. 合理地分區部署兵力

計險厄遠近

- **通**：四通八達之地
- **掛**：易進難出之地
- **支**：敵我難進之地
- **隘**：出口狹隘要之地
- **險**：地勢險要之地
- **遠**：敵我遠距之地

研究六地實況，降低用兵損耗

要研究並依據不同地形分別採取不同的作戰方針，既有助於發揮實力，又能降低「戰力」的損耗。

十・地形

56 訓練有素

曹操曰：「欲戰，審地形以立勝也。」

原文

視卒如嬰兒，故可與之赴深溪；視卒如愛子，故可與之俱死。厚而不能使，愛而不能令，亂而不能治，譬若驕子，不可用也。

譯文

對待兵卒要如同對待嬰兒一般，如此他們才會與主帥一同奔赴險地；對待兵卒要如同對待自己的愛子，如此他們才會與將帥一同拚命奮戰。然而，若僅僅是厚待兵卒，卻不以軍紀約束；只是愛護兵卒，卻不指揮他們；兵卒違法亂紀，卻不加以懲治，那這些兵卒將如同被寵壞的孩子，無法真正上戰場作戰。

啟示

《史記・孫子吳起列傳》中記載了一則故事：戰國時期，衛國的軍事家吳起早年於孔子弟子七十二賢之一的曾參門下學習儒術，他對待兵卒與對待自己並無差別，與兵卒穿相同的衣服，吃相同的食物，行軍時也不騎馬。有次，他發現有名士兵背上長了膿瘡，吳起便親自替他吸出膿血。這些消息傳回衛國後，百姓無不對吳起的仁愛之舉讚不絕口，唯獨那名士兵的母親聽後痛哭。

旁人不解，詢問原因，她便回答：「諸位有所不知，吳將軍也曾為我孩子的父親吸膿，他因此為吳將軍赴湯蹈火、上刀山、下火海，最後戰死沙場。如今，吳將軍又為我的兒子吸膿，所以我悲痛不已。」

此外，若只知憐愛兵卒，卻不加以訓練與約束，導致其無法完成軍隊應盡的職責，那麼這樣的軍隊，終究毫無用處。

總結：帶兵或帶領團隊，必須將良好的習慣轉化成常態（即長期堅持某種做法，使其成為習慣），如此才可降低作戰風險。

訓練有素

> **訓練有素**
> 訓練有素的意思是說，向來都有持續進行嚴格的訓練。

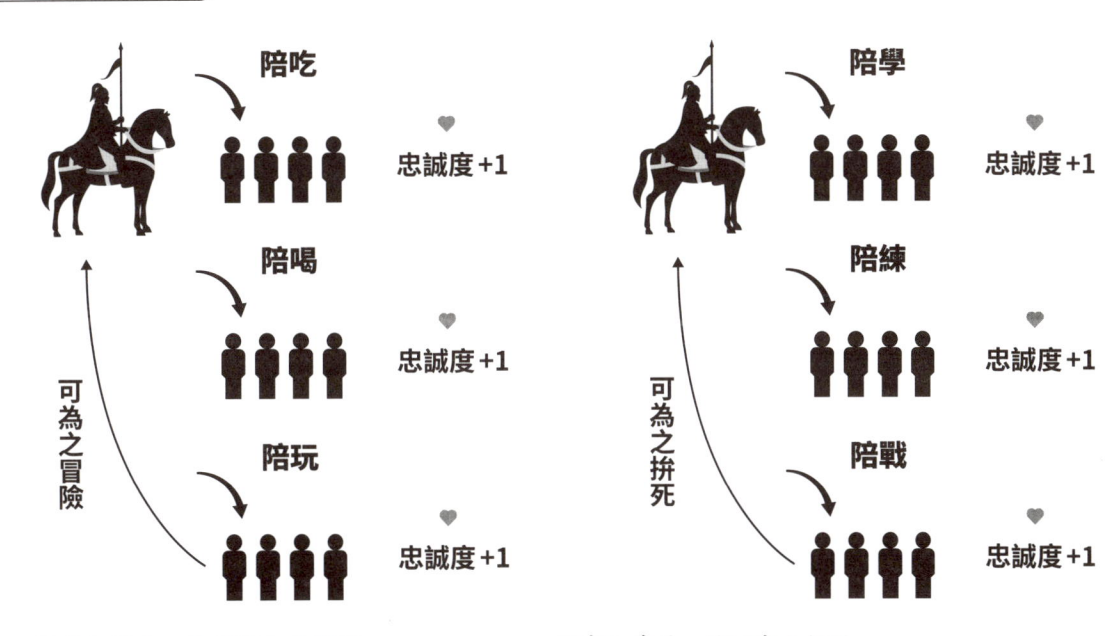

陪吃 → 忠誠度 +1
陪喝 → 忠誠度 +1
陪玩 → 忠誠度 +1
可為之冒險

陪學 → 忠誠度 +1
陪練 → 忠誠度 +1
陪戰 → 忠誠度 +1
可為之拚死

視卒如嬰兒，故可與之赴深溪。
對待兵卒如同嬰兒一樣，從句話有兩個面向，一方面指將帥會同兵卒一起奔赴險地，另一方面指兵卒會聽從將帥的指揮，奔赴危險之地。

視卒如愛子，故可與之俱死。
對待兵卒如同自己的愛子一樣，從句話有兩個面向，一方面指將帥會帶兵卒一起拚死，另一方面指兵卒會聽從將帥的指揮去拚死。

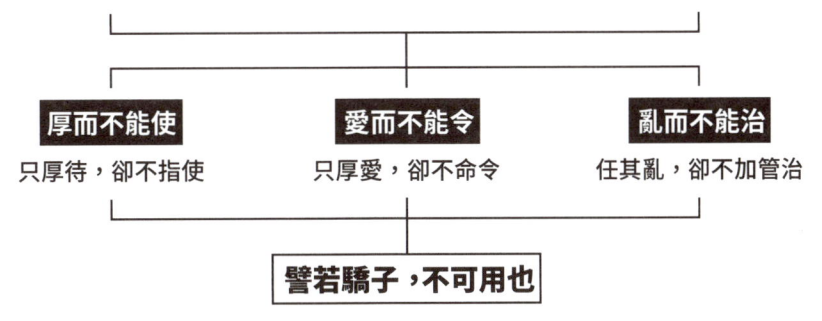

厚而不能使	愛而不能令	亂而不能治
只厚待，卻不指使	只厚愛，卻不命令	任其亂，卻不加管治

譬若驕子，不可用也
士兵如嬌生慣養、嬌縱溺愛的孩子一樣，無法前去作戰。

57 因天地人制宜

曹操曰:「欲戰,審地形以立勝也。」

原文

知吾卒之可以擊,而不知敵之不可擊,勝之半也;知敵之可擊,而不知吾卒之不可以擊,勝之半也;知敵之可擊,知吾卒之可以擊,而不知地形之不可以戰,勝之半也。故知兵者,動而不迷,舉而不窮。故曰:知彼知己,勝乃不殆;知天知地,勝乃可全。

譯文

若只知道我軍擁有作戰能力,卻不了解敵軍不可攻擊,那麼勝負的機率各占一半;若只知道敵軍可以攻擊,卻不清楚我軍是否擁有足夠的戰鬥力,則勝負機率也各占一半;若知道敵軍可以攻擊,也知道我軍擁有作戰能力,卻忽略了地形對我方不利,那麼勝負機率仍各占一半。因此,真正了解用兵之道的人,對每一次行動的勝負機率,心中都有數,並且能夠靈活運用各種戰略。只有透徹了解敵方與己方,勝利才不會受到阻礙;能夠掌握天時與地利,勝利才更有保障。

啟示

《周易·繫辭》中說:「有天道焉,有人道焉,有地道焉:兼三材而兩之。」古人將天、地、人稱為「三才」。在六爻卦象中,最下方的初爻、二爻代表「地」,中間的三爻、四爻代表「人」,而最上方的五爻、上爻則代表「天」。人居於天地之間,是最重要的因素,因此「知彼知己」的核心在於認識人,「知天知地」則作為輔助,為人所用。

用兵之道,亦可說是用「人」之道。客觀地認識敵方與己方,是制定戰略的前提,屬於「計算」的範疇;而能夠客觀的知天、知地,才屬於「用」的層面。知與用各占一半,正如孔子所說的「學而不思則罔,思而不學則殆」,以及王陽明所提倡的「知行合一」,道理皆相通。有人認為學習《孫子兵法》只是為了提升管理能力,這樣的理解過於狹隘。無論身處何種行業,無論擔任何種職務,學習《孫子兵法》都能夠帶來幫助。

總結:唯有客觀地知彼、知己、知地、知天,才能客觀地做出判斷與決策,取得想要的成果。

因天地人制宜

50% 占天地彼己的 ¼

知吾卒之可以擊，而不知敵之不可擊，勝之半也。

知己不知彼
只知道我軍擁有作戰能力，卻不了解敵軍不可攻擊，那麼勝負的機率各占一半，這裡對應的是「知己不知彼」。此處的「知己」，實則是盲目、自以為是的，因此實際上還是「不知己」。在這種情況下，己方仍有獲勝的機率，但多半是靠運氣。

50% 占天地彼己的 ¼

知敵之可擊，而不知吾卒之不可以擊，勝之半也。

知彼不知己
只知道敵軍可以攻擊，卻不清楚我軍是否擁有足夠的戰鬥力，則勝負機率各占一半，這裡對應的是「知彼不知己」。此處的「知彼」，也是盲目、自認為的，己方仍有獲勝的機率，但多是靠運氣。

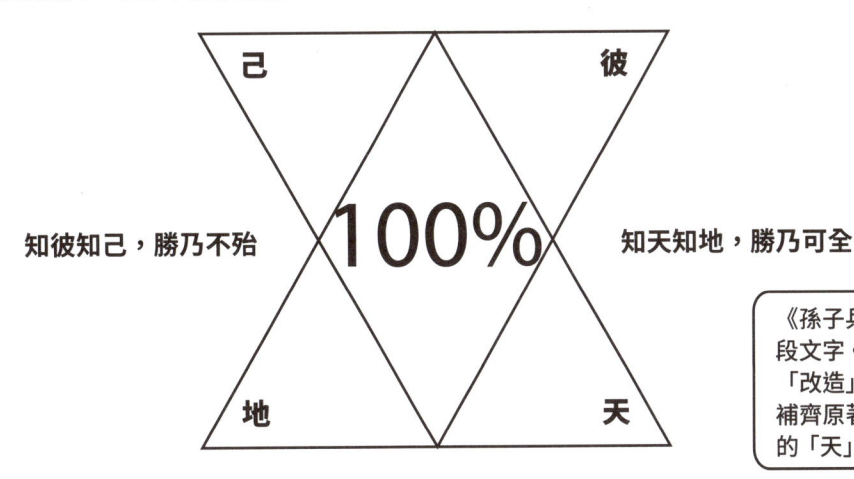

```
       己           彼
         \  /  \  /
          \/    \/
   知彼知己，  100%  知天知地，
   勝乃不殆         勝乃可全
          /\    /\
         /  \  /  \
       地           天
```

> 《孫子兵法》沒有這段文字。作者並非「改造」原著，而是補齊原著沒有提到的「天」。

50% 占天地彼己的 ¼

知敵之可擊，知吾卒之可以擊，而不知地形之不可以戰，勝之半也。

知彼知己，不知地形
若知道敵軍可以攻擊，也知道我軍擁有作戰能力，卻忽略了地形對我方不利，那麼勝負機率各占一半。

50% 占天地彼己的 ¼

知敵之可擊，知吾卒之可以擊，而不知天時之不可以戰，勝之半也。

知彼知己，不知天時
若知道敵軍可以攻擊，也知道我軍擁有作戰能力，卻不了解天時是否有利於作戰，那麼勝負機率各占一半。

58 九地之名

曹操曰：「欲戰之地有九。」

原文

孫子曰：用兵之法，有散地，有輕地，有爭地，有交地，有衢地，有重地，有圮地，有圍地，有死地。諸侯自戰其地者，為散地。入人之地而不深者，為輕地。我得則利，彼得亦利者，為爭地。我可以往，彼可以來者，為交地。諸侯之地三屬，先至而得天下之眾者，為衢地。入人之地深，背城邑多者，為重地。行山林、險阻、沮澤，凡難行之道者，為圮地。所由入者隘，所從歸者迂，彼寡可以擊吾之眾者，為圍地。疾戰則存，不疾戰則亡者，為死地。是故散地則無戰，輕地則無止，爭地則無攻，交地則無絕，衢地則合交，重地則掠，圮地則行，圍地則謀，死地則戰。

譯文

孫子說，依據用兵的一般規律，交戰的地形可分為「散地」、「輕地」、「爭地」、「交地」、「衢地」、「重地」、「圮地」、「圍地」與「死地」九種。

位於本國境內的作戰區域，稱為「散地」。在敵國境內但尚未深入的區域，稱為「輕地」。我軍與敵軍先行占領的那一方便能獲得優勢的區域，稱為「爭地」。敵我雙方皆能自由進出的區域，稱為「交地」。位於多國交界處，先到者可優先結交盟友、獲取外援的區域，稱為「衢地」。深入敵國腹地，背後有敵方城鎮的區域，稱為「重地」。山林、險阻、沼澤等難以行進的區域，稱為「圮地」。入口狹隘，退路遙遠，敵軍可輕易以少數兵力擊敗我軍大部隊的區域，稱為「圍地」。速戰速決能有生機，反之則全軍覆沒的區域，稱為「死地」。

因此，「散地」不宜作戰，「輕地」不宜停留，「爭地」不宜強攻，「交地」應迅速通過，避免脫隊；「衢地」應加強外交，廣結盟友；「重地」應就地獲取補給，「圮地」應迅速穿越，「圍地」應運用計謀求生，「死地」則應拚死奮戰。

啟示

此篇先講述「九地」的名稱與分類，接著說明在不同地形中應採取的對應策略。整體結構是先定義概念，再解釋其意義，最後根據這些「名稱」與「意義」進行逆向推理。這是一種角色互換式的思考方式，透過換位思考來模擬對方的立場與行動，從而達成主觀上的「知彼」。

上述推理過程，其實就是「假設」：先假設對敵方的認知是正確的，然後再透過客觀資料來驗證假設。例如，深入了解敵我雙方的實力差異、仔細分析地形優劣，甚至在局部地區進行實地演練，來檢驗「假設」是否準確。最終，再將驗證結果應用到實戰當中。

總結：從結果回推原因，假設某個行動 A 是為了達成目的 B，圍繞 B 來分析，就會發現 A 有多種可能做法。因此，只要掌握住 B 這個核心目標，就能靈活應對各種變化。

九地之名

01 散地
位於本國境內的作戰區域，士兵心有牽掛，所以人心容易渙散。
› 解決方案：
散地，不宜作戰。

02 輕地
在敵國境內但尚未深入的區域，軍心易不穩定，但較散地佳。
› 解決方案：
不穩定，不宜停留。

03 爭地
誰先占領，就對誰有利的區域。
› 解決方案：
遇則不強攻。

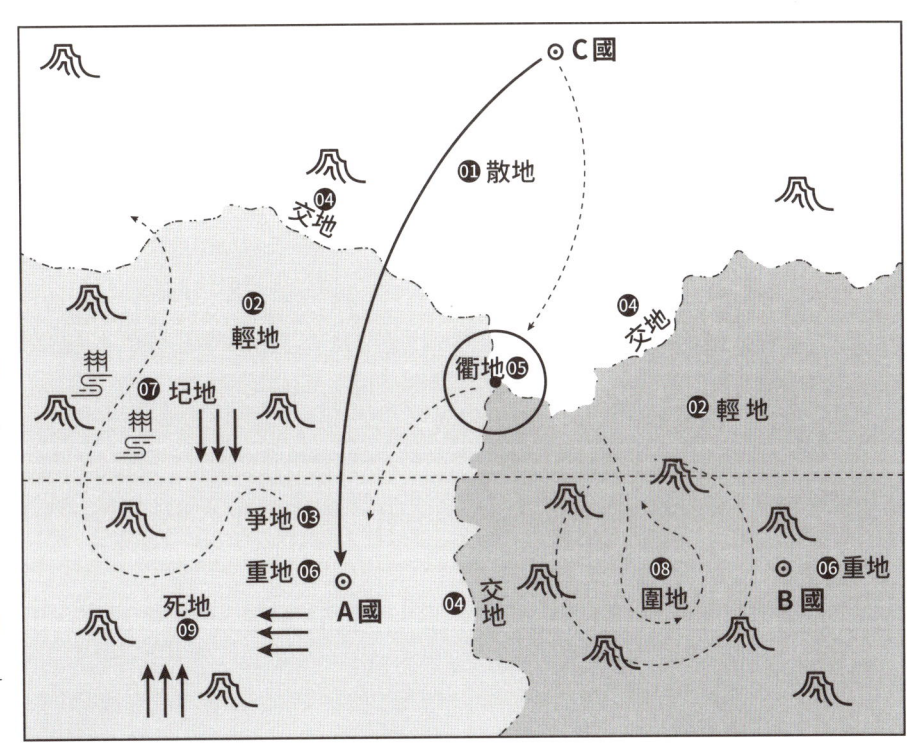

兵家必爭之地：第一類是邊境防禦，多用於抵抗外部入侵，如山海關、函谷關等；第二類是中原內地，大多是攻占首都或大片疆域的必經之所，例如徐州、洛陽等。

04 交地
我可以去，敵也可以來，國與國交接之地。
› 解決方案：
迅速通過，不要脫隊。

05 衢地
下之眾者，為衢地。多國交界之地，先得者可得天下之助力。
› 解決方案：
加強外交，結交盟友。

06 重地
進入敵國腹地，背後是對方的城鎮。
› 解決方案：
補給靠掠奪敵人城鎮。

07 圮地
難以通行的地區。
› 解決方案：
遇則迅速通過。

08 圍地
入口狹隘，退路遙遠。對方以少數便可抗擊我大部隊。
› 解決方案：
不能硬拚，要想辦法。

09 死地
不迅速奮戰就會被消滅的地方。
› 解決方案：
只能拚死作戰。

117

59 待敵之機

十一・九地

曹操曰：「欲戰之地有九。」

原文

所謂古之善用兵者，能使敵人前後不相及，眾寡不相恃，貴賤不相救，上下不相收，卒離而不集，兵合而不齊。合於利而動，不合於利而止。敢問：「敵眾整而將來，待之若何？」曰：「先奪其所愛，則聽矣。」兵之情主速，乘人之不及，由不虞之道，攻其所不戒也。

譯文

自古以來，真正善於用兵的人，能使敵方前後部隊失去聯繫；使敵方主力與輔助部隊無法相互依靠；使敵方將領與兵卒無法彼此照應；使敵方上級與下級無法有效指揮統一；使敵軍兵卒各自為戰、無法集合，即使敵方兵卒勉強集結起來，也已失去統一行動的能力。當戰局發展對己方有利時，應當立刻發動攻勢；反之，若形勢對我方不利，則應當及時終止行動。

如果有人問：「假如敵軍人數眾多，且隊形嚴整、有秩序地向我軍推進，該怎麼應對呢？」我的回答是：「要搶先奪取對敵人有利的各種條件，使敵軍陷入被動，從而被我方牽制。」用兵之道，貴在神速，得抓住時機，趁敵人不備時出擊，從敵人意想不到的方向，攻擊其未加防備的地方，這才是高明的戰術運用之道。

啟示

本篇開頭即提出「所謂古之善用兵者」，意指這是孫子蒐集、整理了自古以來的戰爭經驗，並從中歸納出的一系列戰略規律。歷來擅長用兵的人，往往會從六個方面削弱敵軍的整體戰力：一則會切斷敵軍前後聯繫，二則會切斷敵軍主力與輔助部隊，三則會切斷敵軍官兵之間的配合，四則會切斷敵軍指揮體系，五則會切斷敵軍合作關係，六則會切斷敵軍統一行動的能力。

若將敵方的部隊比喻成一塊「豆腐」，只要能從橫向、縱向、斜向、平切等多個角度切割，將其劃分為小而獨立的「塊」，接著只要等待時機成熟，就能迅速出擊，讓敵人措手不及。此外，還要善於隱藏自身行動，以迂為直（用繞遠路來達成近目的），從敵人預料不到的方向發動攻擊，攻擊其沒有戒備的地方。

總結：孫子所謂「先奪其所愛，則聽矣」是什麼意思？這裡的「奪」，是指搶占那些能夠有效切割敵軍的關鍵位置與角度（即「切豆腐」的位置與角度）。

待敵之機

01 能使敵人前後不相及
能使敵軍前後部隊失去聯繫

02 眾寡不相恃
使敵方主力與輔助部隊無法相互依靠。

03 貴賤不相救
使敵方將領與士兵無法彼此照應。

04 上下不相收
使敵方上級與下級無法有效指揮統一。

05 卒離而不集
使敵軍兵卒各自為戰、無法集合。

06 兵合而不齊
即使敵方兵卒勉強集結起來，也已失去統一行動的能力。

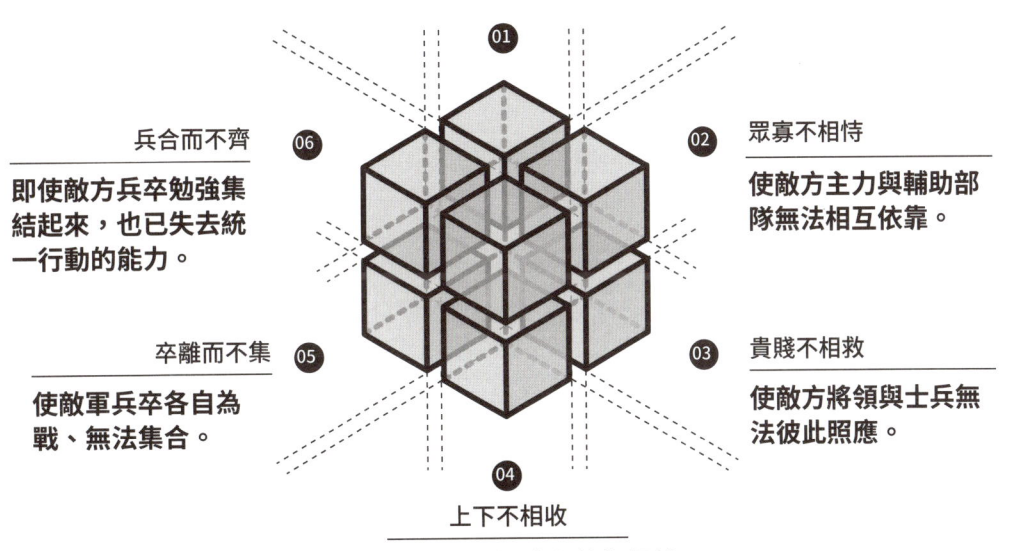

敢問：「敵眾整而將來，待之若何？」
假如敵軍眾多，且隊形嚴整有序向我方進軍，該怎麼對付呢？

曰：「先奪其所愛，則聽矣。」
搶先奪取對敵有利的各方面條件，可使敵陷入被動並受到牽制。

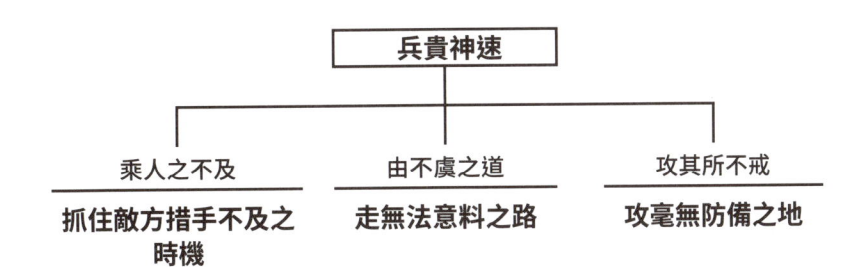

兵貴神速

- **乘人之不及** — 抓住敵方措手不及之時機
- **由不虞之道** — 走無法意料之路
- **攻其所不戒** — 攻毫無防備之地

十一‧九地

60 絕地逢生

曹操曰：「欲戰之地有九。」

原文

凡為客之道，深入則專，主人不克；掠於饒野，三軍足食；謹養而勿勞，並氣積力，運兵計謀，為不可測。投之無所往，死且不北，死焉不得，士人盡力。兵士甚陷則不懼，無所往則固，深入則拘，不得已則鬥。是故其兵不修而戒，不求而得，不約而親，不令而信，禁祥去疑，至死無所之。吾士無餘財，非惡貨也；無餘命，非惡壽也。令發之日，士卒坐者涕沾襟，偃臥者涕交頤。投之無所往者，諸、劌之勇也。

譯文

深入敵境作戰的基本原則是：深入敵國境內，我方的軍心必須凝聚如一，因為沒有退路，只能同心協力，使敵人無法擊潰我方；在敵國富饒的田野上掠取糧草，使全軍糧草有所保障，這是作戰的基本前提；應充分的修整與訓練我方部隊，避免無謂的疲勞與消耗，讓兵卒養精蓄銳、蓄積力量，再根據戰況調兵遣將，運籌帷幄，使敵軍無法揣測我方真實意圖。

若將部隊置於無路可退之地，兵卒則只能拚死而不能敗退（即所謂「置之死地而後生」），當全軍將士都抱著背水一戰的決心，他們就會拚盡全力而戰。深陷危險境時，人反而不會感到恐懼，無路可走時，軍心就會更穩固。越是深入敵境，軍心就越團結，因為沒有退路時，只能拚死奮戰到底。因此，**在這種情況下的軍隊，即使不特別整頓，也會自覺提高戒備；即使沒有上級命令，也會主動向上層回報情況；即使沒有軍紀約束，也會自覺團結相助；即使沒有明確命令，也會主動遵守軍律。這四個字，即是「無為而無不為」的體現。**

在軍中，必須嚴格禁止妖言惑眾，消除兵卒內心的疑慮與困惑，如此一來，將士便能義無反顧地戰鬥至最後一刻。我軍士兵之所以沒有攜帶多餘的財物，並不是因為他們不愛財，而是唯有輕裝上陣，才能提升生存的機會；之所以沒有貪生膽小的人，並不是因為不畏懼死亡，而是因為唯有無畏奮戰，才能增加生存機會。當作戰命令下達時，坐著的士兵淚溼衣襟，躺著的淚流滿面。一旦將他們置於無路可退的境地，他們便會如專諸、曹劌那般英勇。

啟示

有時候，人類的潛力是被逼出來的。現實生活中，許多人都以為自己是完美的，然而，只有經歷真正的挫折才會有所成長，這種成長，往往是壓力所激發出來的潛力。客觀角度來看，當人類面臨極端的恐懼，尤其是直面生死存亡之際，人性的自我防護、趨吉避凶的潛力就會被激發。俗語說：「兔子急了也會咬人」，更何況是人呢？因此，《孫子兵法》不僅總結了兵家作戰的普遍規律，更是洞察人性、駕馭人性的一般規律。戰場無疑是暴露人性的地點，以此便可延伸至許多現實生活中的場景。

總結：成長需要學習與反思，但有時也需要經歷一段黑暗的過程，唯有逼自己一次、兩次、三次，才能真正突破極限，挖掘潛藏的潛能，達到更高的境界。

絕地逢生

本國（主場）
客場　客場

01 深入則專，主人不克
深入敵國境內，我方的軍心必須凝聚如一，因為沒有退路，只能同心協力，使敵無法擊潰我方。
專

02 掠於饒野，三軍足食
在敵國富饒的田野上掠取糧草，使全軍糧草有所保障，這是作戰的基本前提。
食

03 謹養而勿勞，並氣積力
應充分的修整與訓練我方部隊，避免無謂的疲勞與消耗，讓士兵養精蓄銳、蓄積力量。
力

04 運兵計謀，為不可測
據戰況調兵遣將，運籌帷幄，使敵軍無法揣測我方真實意圖。
謀

05 投之無所往，死且不北
將部隊置於無路可退之地，士兵則只能拚死而不能敗退。
位

06 死焉不得，士人盡力
當全軍將士都抱著背水一戰的決心，他們就會拚盡全力而戰。

07 兵士甚陷則不懼，無所往則固，深入則拘，不得已則鬥。
深陷危險境地時，人反而不會感到恐懼，無路可走時，軍心就會更穩固。越是深入敵境，軍心就越團結，因為沒有退路時，就只能拚死奮戰到底。

08 是故其兵不修而戒，不求而得，不約而親，不令而信。
這種情況下的軍隊，即使不特別整頓，也會自覺提高戒備；即使沒有上級命令，也會主動向上層回報情況；即使沒有軍紀約束，也會自覺團結相助；即使沒有明確命令，也會主動遵守軍律。

禁祥去疑，至死無所之。
嚴格禁止妖言惑眾，消除士兵內心的疑慮與困惑，如此一來，將士便能義無反顧地戰鬥至最後一刻。

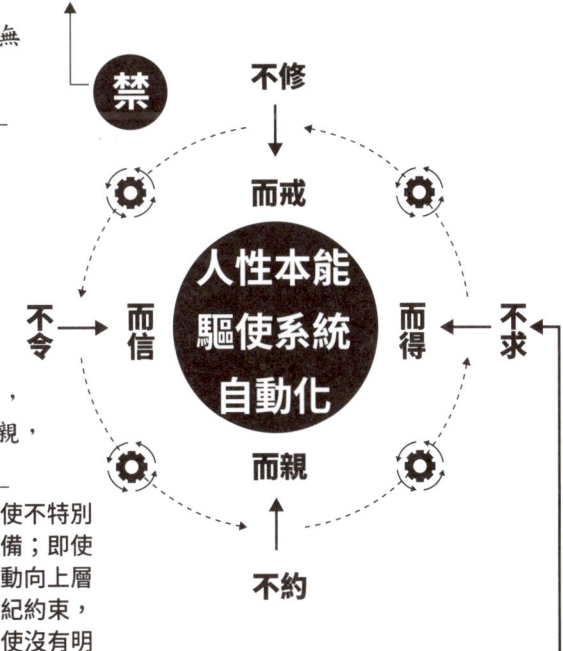

禁 → 不修 → 而戒 → 人性本能驅使系統自動化 → 而親 ← 不約
不令 → 而信 ← 而得 ← 不求

吾士無餘財，非惡貨也；無餘命，非惡壽也。令發之日，士卒坐者涕沾襟，偃臥者涕交頤。投之無所往者，諸、劌之勇也。

春秋時期，吳王闔閭為了登上王位，指使專諸藏劍於魚腹，殺死了吳王僚。曹劌，即說出名句「一鼓作氣，再而衰，三而竭」者。此二人，都是勇士。

121

61 首尾俱至

十一‧九地

曹操曰：「欲戰之地有九。」

原文

故善用兵者，譬如率然；率然者，常山之蛇也。擊其首則尾至，擊其尾則首至，擊其中則首尾俱至。敢問：「兵可使如率然乎？」曰：「可。」夫吳人與越人相惡也，當其同舟而濟，遇風，其相救也如左右手。是故方馬埋輪，未足恃也；齊勇若一，政之道也；剛柔皆得，地之理也。故善用兵者，攜手若使一人，不得已也。

譯文

善於用兵的人，其用兵方式就如同「率然」一樣。「率然」是常山的一種蛇，若攻擊其頭部，尾部便會迅速前來支援；若攻擊其尾部，頭部便會反擊；若擊打其中部，則頭尾皆會趕來救援。那麼，是否可以讓軍隊像「率然」這條蛇一樣靈活？答案是：「可以。」（此處，孫子以假設問題引出論證。）

吳國人與越國人曾是仇敵，但當他們同舟渡河，遇到大風這一共同威脅時，他們會放下仇恨，相互救助對方，就如同一個人的左右手一樣協調。因此用「拴住馬匹、埋住車輪」這種強迫的行動穩住軍心，是靠不住的；要使三軍同心、奮勇作戰，關鍵在於將帥的領導是否得當；要使軍隊中的強者、弱者都能各盡其才，則必須善用地形。由此可見，善於用兵的將領，能讓全軍上下如同一人作戰，正是因為他能創造出使軍隊不得不服從的情勢。

啟示

本篇開頭以自然界的動動作為比喻，透過觀察一種名為「率然」的蛇，提出假設性問題：帶兵打仗是否也能像這條蛇般靈活應變、前後呼應？答案是肯定的。那麼，該如何做到呢？

文中舉例說明，吳、越兩國本為仇敵，但在面臨生死存亡之際，仍能拋下仇恨、齊心協力對敵。既然仇敵尚且如此，更何況是本就屬於同一團隊的士兵。若僅靠「拴馬、埋輪」這類約束行動的方式來穩定軍心，無異於頭痛醫頭、腳痛醫腳，無法從根本上解決問題，反而會適得其反。

因此，要讓軍隊像蛇一樣靈活、彼此照應，關鍵在於兩點：第一，將帥的領導力至關重要，只有指揮得當，才能使軍隊上下如一、協同作戰；第二，要善用地形與環境，讓無論強弱的士兵都能發揮最大戰力。

真正善於用兵的將領，懂得創造出「不得不合作」的條件，使部隊自然凝聚成一股無堅不摧的力量。

總結：善用兵的將領，不僅善於激發團隊合作的潛能，更能運用環境促使士兵不得不緊密合作。

首尾俱至

善用兵者
- 01 兵卒同心要靠人和，上下合作（人和）
- 02 兵卒同力要靠地利，齊頭並進（地利）
- 03 同心同力如若一人，創造東風（天時）

02 剛柔皆得地之理也
兵卒同力得地之利
地利

剛柔皆得，是指我方兵卒有強者、有弱者，若想讓他們都發揮作用並聚集成一股力量，必須處於有利的地形之上。比如我居高地，向下俯衝敵人，力量就能匯集成勢。

01 齊勇若一政之道也
兵卒同心得人之和
人和

齊勇若一，是指一起奮勇作戰，那麼，該如何讓士兵一起奮勇作戰呢？關鍵在於將帥的領導是否得當，必須讓兵卒同心，同心則人和，人和才能夠一起奮戰。

03 攜手若使一人不得已也
同心同力待造天時
天時

「東風」指的是什麼？吳國人與越國人曾是仇敵，但當他們同舟渡河，遇到大風這一共同的威脅時，他們會放下仇恨，相互救助對方，就如同一個人的左右手一樣協調。「東風」即是促使他們團結互助的大風。本文特別指出，只有將兵卒置於不得已的境地，才能迫使他們徹底合二為一。擔任將帥者應最了解這項環境因素。

「率然」這種蛇之所以能顧頭顧尾，前提在於其是一個完整的整體，擴展至人時，則需要達到三個層面的和諧。

- 第一層面：天時層
- 第二層面：人和層
- 第三層面：地利層

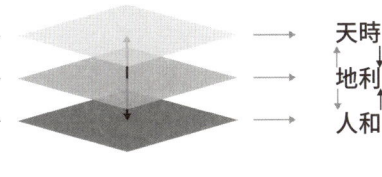

天時／地利／人和

人要了解天時並加以利用，同時借用地形之利來編制好隊伍，上下齊心，讓全軍同如一人作戰。

62 用兵訣竅

十一・九地

曹操曰：「欲戰之地有九。」

原文

　　將軍之事，靜以幽，正以治。能愚士卒之耳目，使之無知。易其事，革其謀，使人無識；易其居，迂其途，使人不得慮。帥與之期，如登高而去其梯。帥與之深入諸侯之地，而發其機，焚舟破釜，若驅群羊，驅而往，驅而來，莫知所之。聚三軍之眾，投之於險，此謂將軍之事也。九地之變，屈伸之利，人情之理，不可不察。

譯文

　　將軍統帥軍隊時，必須沉著冷靜，內心幽深莫測，公正嚴明，且有條不紊。將帥要蒙蔽兵卒的耳目，使他們對軍事行動的全貌不甚了解（本句有多種解釋。就戰爭而言，重點在於保密工作的必要性，「愚」士卒，並非要欺騙他們；讓他們「無知」，也不是讓他們變得愚昧無知，而是出於作戰保密的需求，使敵人無法判斷我方軍隊的軍事策略）。

　　將帥應當不斷變更作戰行動，隨時調整戰略計畫，使兵卒無法識破其真正意圖；同時，不斷變換駐地與行軍路線，讓兵卒無法推測其下一步行動；將帥下達命令，應如同登高後抽走梯子，讓兵卒毫無退路，只能奮力向前；率軍深入敵境腹地時，應盡力捕捉稍縱即逝的機會，於適當時機發起攻勢，並命令兵卒焚燒船隻、打破飯鍋，如同驅趕羊群一般（比喻在無後路的情況下，兵卒只能依賴將帥的指揮），不必讓士兵預先知道接下來要前往何處。

　　唯有匯聚全軍，將士卒置於險境、斷絕退路，才能激發他們求生的本能，使其全力以赴、奮勇作戰──這是將領應該做到的事。此外，將帥還必須深入研究如何靈活運用不同地形、攻守進退的利害關係，以及士兵在各種環境下可能出現的心理變化。

啟示

　　戰場上變幻莫測，充滿不確定性因素，因此很多時候，將帥迫不得已必須將部隊置於無路可退之地。本篇提出「靜以幽，正以治」的觀點，強調一體兩面的戰略思維。首先，將帥若能嚴密保守軍事機密，便能破除敵方試圖「知彼」的企圖。然而，保密並不代表一味隱瞞，而是在等待適當的時機發揮。那麼，何時才是最佳時機？當「人和」與「地利」已經具備，只差「天時」之際，將帥就應適時發號施令，向將士們說明當前的局勢與戰略目標，凝聚全軍共識，使「天時、地利、人和」三者匯聚一致。這種策略有時也被視為一種「工具論」的手段，即將士兵視為戰爭中可靈活運用的棋子或工具。

　　文中「若驅羊群」的比喻，並非貶低士兵，而是說明在戰局發展到關鍵時刻時，唯有奪取勝利才能生存，唯有聽從將帥的指揮，才有活下去的希望。此時，將帥的命令便成為士兵唯一能依賴的「救命稻草」。

總結：靜能至幽，使他人無法揣猜你的意圖，你便能穩如磐石，團隊也能保持穩定。正能致治，使管理井然有序。

用兵訣竅

靜以幽
謀畫事情時，若能冷靜就不會慌亂，若能隱密就不容易被看穿。行動時無聲無息，默默進行，讓人難以察覺。越是深藏不露，越讓人無法預測。

正以治
對部屬的管理如果公平公正，治理效果就會良好。大家心中自然會產生敬畏，整個上下體系也會運作有序，不敢懈怠或馬虎。

> 「靜以幽」是外在所呈現的形象，代表將帥做事沉穩、縝密、嚴謹，自然能讓人產生信任感。不過，這種表現可能是真，也可能是裝出來的，因此還需要進一步觀察他的實際作為。而「正以治」則是從行動上來判斷——如果將帥行事公正、不偏不倚，處事嚴明，那麼自然能讓軍中上下嚴守紀律、秩序井然，達到良好的治理效果。

能愚士卒之耳目，使之無知

最高機密

遮蔽士卒耳目，使其無所知，原因有二：
① 曾國藩說：「謀可寡而不可眾」，謀未熟，不能說；② 隱藏作戰意圖，防止機密洩漏

具體手段 — 使人無識：讓人無法識破你的作戰意圖
- 01 易其事：不斷變換作戰行動
- 02 革其謀：不斷變換作戰計畫

使人不得慮：讓人無法推測你的作戰意圖
- 03 易其居：不斷變換行軍駐地
- 04 迂其途：不斷變換行軍路線

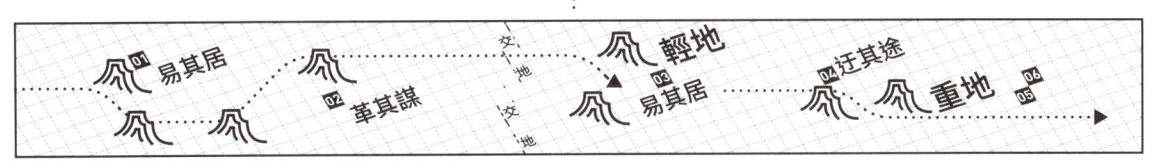

→ **機會未到**

（圖示：易其居 → 革其謀 → 輕地／易其居 → 迂其途 → 重地，交地）

時機成熟才能行動，具體是什麼時候呢？

05 時間：如同登高後抽走梯子，讓士兵毫無退路，只能奮力向前　**06 地點**：率軍深入敵境腹地

這兩個條件滿足了，就可士卒們焚燒船隻、打破飯鍋準備拚死一戰，讓軍隊猶如羊群一般，將帥命令往西走，絕不往東走；命令往東走，也絕不往西走，命令攻向何方便往哪攻，完全聽從指揮。

十一・九地

63 御兵之術

曹操曰：「欲戰之地有九。」

原文

　　凡為客之道：深則專，淺則散。去國越境而師者，絕地也；四達者，衢地也；入深者，重地也；入淺者，輕地也；背固前隘者，圍地也；無所往者，死地也。是故散地，吾將一其志；輕地，吾將使之屬；爭地，吾將趨其後；交地，吾將謹其守；衢地，吾將固其結；重地，吾將繼其食；圮地，吾將進其途；圍地，吾將塞其闕；死地，吾將示之以不活。故兵之情：圍則禦，不得已則鬥，過則從。

譯文

　　進入敵國作戰的規律是：軍隊深入敵境越深，軍心就越穩固；反之，若僅在敵境淺處駐紮，軍心容易渙散。當軍隊離開本國，到邊境之外作戰，為「絕地」；四通八達之地，為「衢地」；深入敵境較遠的地方，為「重地」；剛進入敵境、尚未深入之地，為「輕地」；背靠險峻固守之地、前方道路狹窄之處，為「圍地」；無路可退之地，為「死地」。因此，面對「散地」，應使軍隊心志專一，避免士氣渙散（上篇的「無戰」，即此地不宜發動戰爭）；處於「輕地」，則應確保軍隊迅速行動，避免停滯不前（上篇的「無止」，即不要停留）；遭遇「爭地」，應設法繞到敵人後方發動攻擊（上篇的「無攻」，即不從正面進攻）；在「交地」，應謹慎防守（上篇的「無絕」，意指保持道路通暢）；當軍隊處於「衢地」，應鞏固加強與鄰國的關係（上篇的「合交」，即透過外交手段尋求支援）；駐紮於「重地」，應補充軍糧（上篇的「掠」，即就地搶掠糧草）；進入「圮地」，應使軍隊迅速通過（上篇的「行」，即盡速撤離）；身處「圍地」則應堵塞缺口，拚死一戰（上篇的「謀」，即強調謀略與決策）；「死地」應使激勵軍隊拚死作戰，因若不戰，便只能坐以待斃（上篇為「戰」，即此地只能拚死一戰）。

　　此外，兵卒的心理變化亦是關鍵因素：當軍隊被包圍受困時，便會團結抵抗，迫不得已時會奮力作戰，身陷極度危險的境地時，則會完全聽從將帥的指揮。

啟示

　　本篇內容與〈九地篇〉開頭有諸多相似之處，此種重複，一方面是因為論述視角有所不同，另一方面則是為了強調其重要性。孫武強調「兵之情：圍則禦，不得已則鬥，過則從」，即士兵的心理變化，乃是將軍不可忽視的重要因素，因為這不僅關係了戰役的勝敗，甚至可能決定一個國家的存亡。如今的職場環境中，團隊成員的心態同樣至關重要，因為錯誤的領導方式，也會使整個企業陷入危機。孫武先從實戰經驗出發，從而回溯兵卒的心理變化，並總結出軍事指揮的規律：當軍隊被包圍時，兵卒們必定會團結抵抗；當已無退路時，便會合力奮戰；深陷極度危險的環境時，便會完全聽從指揮。這也說明了孫武的主張非常明確：唯有將軍隊逼入險境，才能激發兵卒的最大潛能，使其拚死作戰。若從個人成長的角度來看，每個人一生中勢必會經歷很多的挫折與困難，唯有被逼到一定程度，才能有所覺悟與成長。然而，關鍵在於務必保持樂觀的心態，持續學習與鍛鍊思考的能力。

總結：很多時候，我們受制於人性的弱點，缺乏主動拚搏的動力。凡是憑運氣獲得的成功，終究會因實力不足而失去。

御兵之術

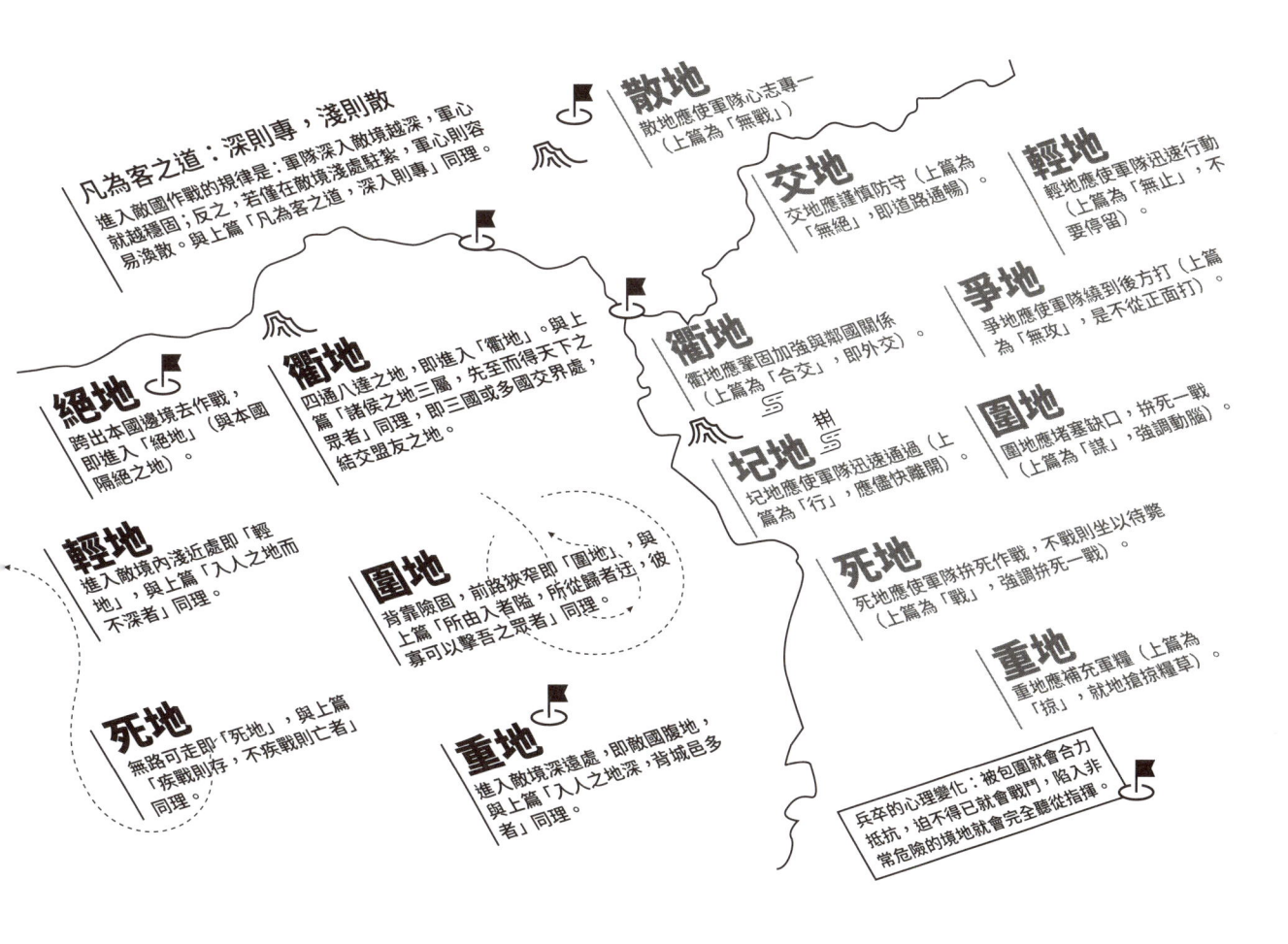

凡為客之道：深則專，淺則散
進入敵國作戰的規律是：軍隊深入敵境越深，軍心就越穩固；反之，若僅在敵境淺處駐紮，軍心則容易渙散。與上篇「凡為客之道，深入則專」同理。

散地
散地應使軍隊心志專一（上篇為「無戰」）。

交地
交地應謹慎防守（上篇為「無絕」，即道路通暢）。

輕地
輕地應使軍隊迅速行動（上篇為「無止」，不要停留）。

絕地
跨出本國邊境去作戰，即進入「絕地」（與本國隔絕之地）。

衢地
四通八達之地，即進入「衢地」。與上篇「諸侯之地三屬，先至而得天下之眾者」同理，即三國或多國交界處，結交盟友之地。

衢地
衢地應鞏固加強與鄰國關係（上篇為「合交」，即外交）。

爭地
爭地應使軍隊繞到後方打（上篇為「無攻」，是不從正面打）。

圮地
圮地應使軍隊迅速通過（上篇為「行」，應儘快離開）。

圍地
圍地應堵塞缺口，拚死一戰（上篇為「謀」，強調動腦）。

輕地
進入敵境內淺近處即「輕地」，與上篇「入人之地而不深者」同理。

圍地
背靠險固，前路狹窄即「圍地」，與上篇「所由入者隘，所從歸者迂，彼寡可以擊吾之眾者」同理。

死地
死地應使軍隊拚死作戰，不戰則坐以待斃（上篇為「戰」，強調拚死一戰）。

死地
無路可走即「死地」，與上篇「疾戰則存，不疾戰則亡者」同理。

重地
進入敵境深遠處，即敵國腹地，與上篇「入人之地深，背城邑多者」同理。

重地
重地應補充軍糧（上篇為「掠」，就地搶掠糧草）。

兵卒的心理變化：被包圍就會合力抵抗，迫不得已就會戰鬥，陷入非常危險的境地就會完全聽從指揮。

127

64 霸王之兵

曹操曰：「欲戰之地有九。」

原文

是故不知諸侯之謀者，不能預交；不知山林、險阻、沮澤之形者，不能行軍；不用鄉導者，不能得地利。四五者，不知一，非霸王之兵也。夫霸王之兵，伐大國，則其眾不得聚；威加於敵，則其交不得合。是故不爭天下之交，不養天下之權，信己之私，威加於敵，故其城可拔，其國可隳。

譯文

「是故不知諸侯之謀者，不能預交；不知山林、險阻、沮澤之形者，不能行軍；不用鄉導者，不能得地利。」這段話與〈軍爭篇〉重複，此處再次引用。若不了解各國的政治謀略，就無法提前做好外交工作；若不了解山川叢林、懸崖峭壁、沼澤等複雜地形，就無法順利行軍；若不懂得善用嚮導（即當地人，或熟悉地形的引路人），就無法充分利用地形優勢。以上三個方面的問題，若有一項不了解，便稱不上是霸王之軍。真正的霸王之軍，在攻打強大的國家時，能以迅雷不及掩耳之勢發動攻擊，使敵國百姓與軍隊都來不及集結；憑藉強大的兵威壓制敵人，使其外交策略受挫，無法與他國結盟。因此，霸王之軍無須刻意經營與其他國家的盟約，也不必扶植他國勢力，只需多加施恩於自己的百姓，以軍威懾壓敵人，便能輕易攻克他國城池、摧毀其國都。

啟示

「打鐵還需自身硬」，若想在戰略上威懾對方，首先必須擁有威懾他人的實力，這是最基本的條件。《孫子兵法》告訴我們：若一個人不了解對手，便不應安排他去談判；若一個人不熟悉各種資源管道、平臺的優勢與劣勢，便不能將團隊交給他指揮；若一個人不了解如何因地制宜、靈活應變，就不能讓他負責經營企業。這些都是最基本的條件，缺一不可，否則便無法在競爭中立足。

因此，孫子強調「先為不可勝，以待敵之可勝」，無論何時，持續精進自身實力、保持個人成長都是必要的，儘管學習與成長的過程艱辛，但逆水行舟，不進則退。生活與工作中，所有的成功都離不開自身實力，唯有不斷提高自身的核心實力，才能真正掌握自己的未來。

總結：逆水行舟，不進則退。提高自己的核心實力才是最基本的條件。

霸王之兵

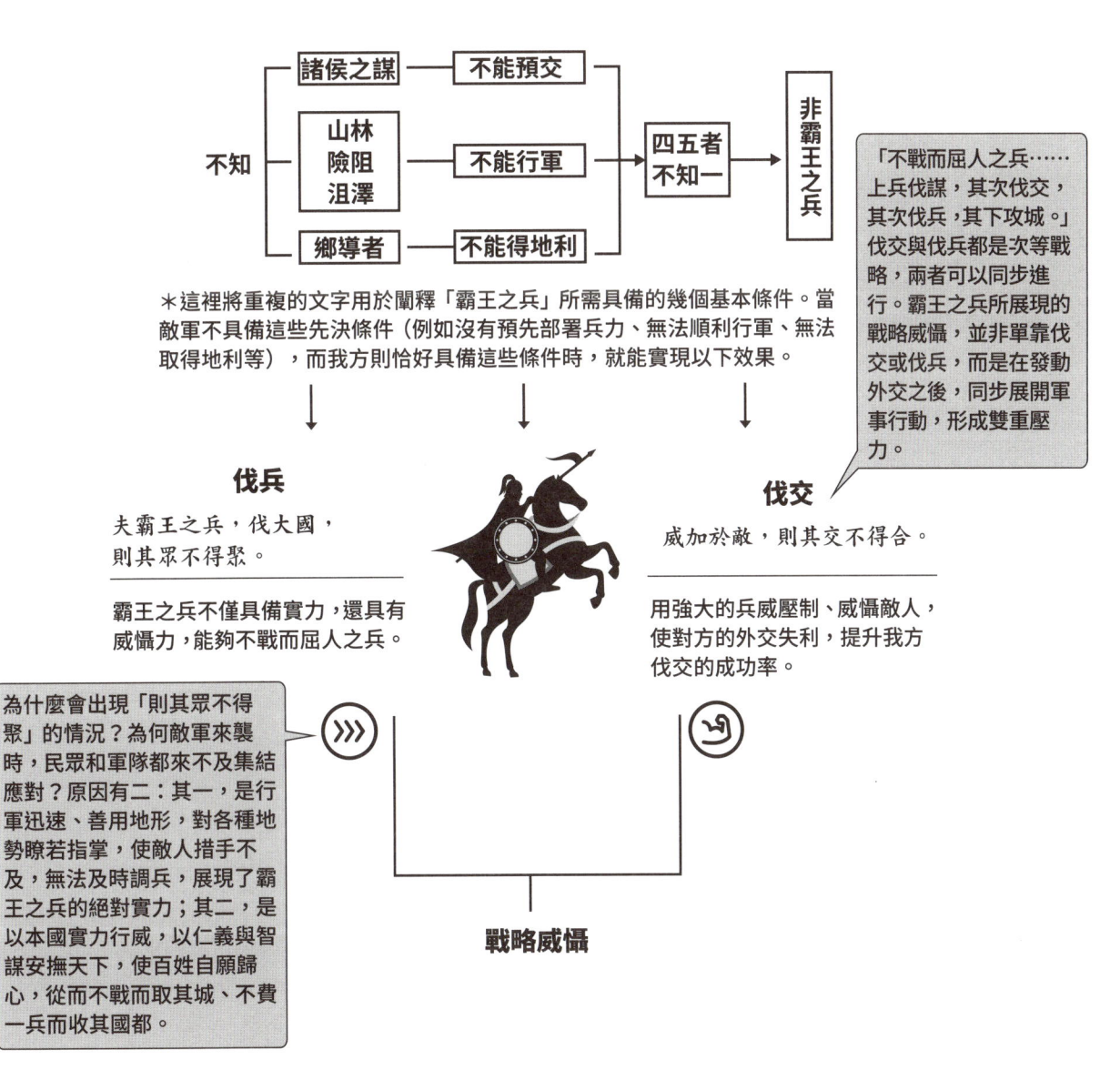

```
                ┌─ 諸侯之謀 ── 不能預交 ─┐
                │   山林              │
    不知 ───────┤   險阻 ── 不能行軍 ─┼── 四五者 ── 非霸王之兵
                │   沮澤              │   不知一
                └─ 鄉導者 ── 不能得地利 ┘
```

> 「不戰而屈人之兵……上兵伐謀，其次伐交，其次伐兵，其下攻城。」伐交與伐兵都是次等戰略，兩者可以同步進行。霸王之兵所展現的戰略威懾，並非單靠伐交或伐兵，而是在發動外交之後，同步展開軍事行動，形成雙重壓力。

＊這裡將重複的文字用於闡釋「霸王之兵」所需具備的幾個基本條件。當敵軍不具備這些先決條件（例如沒有預先部署兵力、無法順利行軍、無法取得地利等），而我方則恰好具備這些條件時，就能實現以下效果。

伐兵

夫霸王之兵，伐大國，則其眾不得聚。

霸王之兵不僅具備實力，還具有威懾力，能夠不戰而屈人之兵。

伐交

威加於敵，則其交不得合。

用強大的兵威壓制、威懾敵人，使對方的外交失利，提升我方伐交的成功率。

> 為什麼會出現「則其眾不得聚」的情況？為何敵軍來襲時，民眾和軍隊都來不及集結應對？原因有二：其一，是行軍迅速、善用地形，對各種地勢瞭若指掌，使敵人措手不及，無法及時調兵，展現了霸王之兵的絕對實力；其二，是以本國實力行威，以仁義與智謀安撫天下，使百姓自願歸心，從而不戰而取其城、不費一兵而收其國都。

戰略威懾

是故不爭天下之交，不養天下之權，信己之私，威加於敵，故其城可拔，其國可墮。

65 置之死地

十一·九地

曹操曰：「欲戰之地有九。」

原文

施無法之賞，懸無政之令，犯三軍之眾，若使一人。犯之以事，勿告以言；犯之以利，勿告以害。投之亡地然後存，陷之死地然後生。夫眾陷於害，然後能為勝敗。

譯文

施行打破常規的獎賞，頒布打破常規的號令，便能驅使三軍如同僅指揮一個人。對待兵卒，應當用實際行動來引導，而非僅憑言語命令；與兵卒溝通時，應當強調對他們有利的方面，避免談論不利的因素。作戰時，將軍隊投入生死存亡之地，那麼兵卒便會因團結一致而求生存，使整體戰力得以延續；當軍隊身處絕境，兵卒為了存活便會奮不顧身地拚死戰鬥，反而能激發最大的戰鬥力。唯有軍隊陷入危險境地，兵卒才會全力拚殺以求勝利。

啟示

「施無法之賞，懸無政之令」，所謂「無法」和「無政」，並非指毫無約束或號令，而是指當戰局發展到一定的狀態時，軍隊會進入自動化模式，這種模式並非來自命令，而是來自人性求生的本能，驅使整體系統自動化。當每個兵卒如同小齒輪一樣自主運轉，並帶動大齒輪的轉動，即形成一股不可阻擋的大勢。

那麼，究竟是什麼原因導致自動化模式啟動呢？答案正是本篇的核心「九地」。九地代表九種不同地形，若將軍能準確判斷地勢，便能順勢而為，激發軍隊自發行動。

例如，若我軍位於高地，敵軍處在低窪地區，當我軍發起衝鋒戰，兵卒便會因地形所迫而不得不衝，地勢會引導作為小齒輪的兵卒們自發行動。當所有人都處於求生狀態時，士氣便會自然高漲，一人吶喊，眾人呼應，氣勢隨之提升，一股勁向前衝鋒，大齒輪的勢能就會開始變強，一旦變強，凝聚力也將跟著變強，如同滾雪球般越滾越大。

總結：從正面來看，將軍將部隊置於危險之中，帶有哄騙之意；從反面來看，這是能最大幅提升部隊存活率的絕招。

置之死地

施無法之賞，懸無政之令，犯三軍之眾，若使一人。

合適的獎賞與號令均來自「九地」本身的勢，適時利用地利之勢，即適當利用地形的約束，促使三軍主動、被動地團結起來，如同一條緊緊扭在一起的繩子。

犯之以事，勿告以言

將帥要少說而多做，才能贏得部下信任。若光說不練、沒有行動，終將無人願為之效死。

犯之以利，勿告以害

身為將帥，須善於安撫鼓舞部下與兵卒，只傳達好消息，不傳達壞消息，有如「報喜不報憂」。如此用意，目的是激勵士氣、爭取勝利。

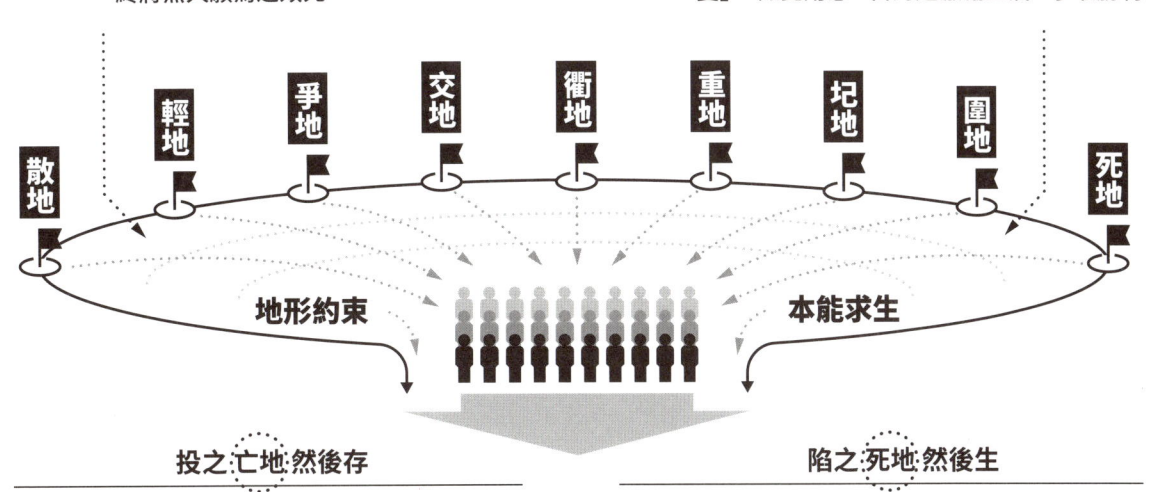

散地　輕地　爭地　交地　衢地　重地　圮地　圍地　死地

地形約束　　　　　　　　　本能求生

投之亡地然後存

把兵卒置於最危險的地方，兵卒才能存活下來，因為大家都會為自保求生而戰。

陷之死地然後生

兵卒若被置於死地，為求生存便會奮力一戰。所謂「置之死地而後生」，也是不得不為求生而戰。

夫眾陷於害，然後能為勝敗。

66 為兵之事

曹操曰：「欲戰之地有九。」

原文

故為兵之事，在於順詳敵之意，並敵一向，千里殺將，此謂巧能成事者也。是故政舉之日，夷關折符，無通其使，屬於廊廟之上，以誅其事。敵人開闔，必亟入之。先其所愛，微與之期。踐墨隨敵，以決戰事。是故始如處女，敵人開戶，後如脫兔，敵不及拒。

譯文

廣義來說，領兵作戰的關鍵在於謹慎觀察並研究敵軍的意圖（確定其行動方向）、尾隨對方（等待合適的時機），一旦時機成熟便迅速出擊，直取敵方將帥。如此出其不意的進攻方式，即使奔襲千里也必能斬殺敵人，這便是所謂巧妙能成大事。當準備發動戰爭時，應封鎖邊境關口，銷毀往來的通行證件，切斷兩國使者的聯繫；應於廟堂縝密謀畫，做出戰略決策；對方出現可乘之隙時，必須果斷出擊。奪取敵方的戰略要地為先，切記不要輕易地與對方約定決戰，應保持詭變多端。實施作戰計畫時，應像木匠按墨斗畫出的線來鋸木頭，隨時根據敵情的變化而靈活調整戰術，以此決定具體的行動方針。因此，開戰時保持柔弱沉靜，使敵方放鬆戒備，誤以為己方毫無威脅；隨後如脫兔般迅速突襲，使對方猝不及防，來不及抵抗。

啟示

廣義來說，領兵作戰的關鍵在於「藏」與「顯」，「藏」又分為明處的藏和暗處的藏；「藏」中有「顯」，「顯」中有「藏」，兩者相互交錯，是一體的兩面。本篇介紹了三個基本原則：第一，嚴守機密，謀定而後動；第二，靈活變通，原則並非僵化不變，而是隨情勢變化而調整，不要固執死板；第三，兵貴神速。無論是戰爭還是日常生活，當對方的真實企圖尚未明確，或不了解對方的弱點時，先把自己隱藏起來。隱藏後有兩個方向可以選擇：一是在明處，比如順從對手，讓對手驕傲自滿，等其懈怠再伺機反擊；二是在暗處，暗中觀察、調查對手的行動。兩者目的是相同的，都是要掌握對方真實意圖，並伺機而動。無論採取哪種方式，關鍵在於「藏」與「顯」的靈活運用：「藏」需要謀略與手段，而「顯」則需要耐心等待最佳時機。至此，〈九地篇〉結束。

總結：規律並非一成不變，而是時刻在變化，因此謀略必須謹慎，隨機應變，當機會來臨時，則兵貴神速。

為兵之事

藏 ─ **顯**

為兵之事，在於順詳敵之意，並敵一向，
千里殺將，此謂巧能成事者也。

先從廣義來解釋領兵作戰的原則：一會「藏」，二會「顯」。「藏」又
分明藏和暗藏；「顯」則是在戰機成熟、時機來臨時，必須果斷出擊。

> 觀察敵情時分三種程度：一是觀察對方有無任何變化，是否可以按原計畫進行；二是觀察到對方出現大幅變化時，要根據變化修改我方的計畫；三是對方發生重大變化時，則重新調整戰略計畫。

是故政舉之日，夷關折符，無通其使，屬於廊廟之上，以誅其事。

準備決戰時，**01**要封鎖關口，**02**要銷毀往來通行證件，斷絕與敵國使者往來，**03**並在廟堂謀畫戰略決策。以上是決策資訊的保密工作。

敵人開闔，必亟入之。

04對方出現可乘之隙時，要迅速乘機而入。

先其所愛，微與之期。踐墨隨敵，以決戰事。

要搶先奪取敵方的重要戰略地點。**05**切記不可輕易與敵人約定明確的決戰時間，因為戰場局勢千變萬化。實施作戰計畫時，必須根據敵情的變化靈活應對。唯有如此，**06**才能制定出切合實際的行動方針。

藏	藏＋顯	
決策期的保密工作──決策時「藏」	明中觀察，這屬於明處的「藏」，且「顯」中有「藏」	暗中觀察，這屬於暗處的「藏」，且「藏」中有「顯」

01　02　03　　04　　05　06

是故始如處女，敵人開戶，後如脫兔，敵不及拒。

總結比喻「藏」與「顯」，「藏」如弱女子般保持柔弱沉靜，使敵方放鬆戒備。「顯」如脫兔般迅速突襲，使對方猝不及防，來不及抵抗。

67 五火之名

曹操曰：「以火攻人，當擇時日也。」

原文

孫子曰：凡火攻有五：一曰火人，二曰火積，三曰火輜，四曰火庫，五曰火隊。行火必有因，煙火必素具。發火有時，起火有日。時者，天之燥也；日者，月在箕、壁、翼、軫也。凡此四宿者，風起之日也。

譯文

孫子說，火攻有五種：第一，火燒敵軍的人馬營寨；第二，火燒敵方糧草；第三，火燒敵方的輜重物資；第四，火燒對方的武器儲備庫；第五，火燒敵方的交通要道及相關設施。

實施火攻必須滿足相應的條件，點火的器具平時就得準備妥當。選擇放火的時機至關重要，需要配合天時以及特殊日子。天時即乾旱的季節；特殊日子即月亮運行至箕、壁、翼、軫四個星宿的位置時，這些日子通常伴隨強風，利於火勢迅速擴大。

啟示

《孫子兵法》揭示了孫子對自然力量的深刻洞察與靈活運用，其中大家最常討論的是地形。而另一種力量，則是火（包括風），相較於水攻，火攻的殺傷力更大、更加便捷，歷史上著名的戰役，如三國赤壁之戰與火燒連營皆為火攻。但火攻的運用受限於天時，有其局限，比如雨雪天不利於火攻；強風天則特別適合火攻，但需要確保己方位於上風處。

在日常生活與工作中，借用外部力量是必要的，關鍵在於「巧妙借力」，然而並非所有的外力都能借用，也並非所有人都適合借助外力。許多人認為，只要「站在風口上，豬也能飛」，但事實並非如此。這種觀點忽略了自身的能力，簡單來說，能否成功借力，需要滿足三個基本條件：一是自身實力夠扎實，二是能識別風口所在，三是能夠成功抵達風口。即使個人具備強大的力量，但是孤軍奮戰也難以取得成功。曾國藩堪稱傑出的戰略家與領導者，但如果沒有其麾下的十大猛將輔佐，他也難有所成。客觀來說，強者自然吸引強者，當自身具備足夠的實力時，才有可能獲得優秀夥伴的支持。

總結：火是一種戰略工具，我們身邊的「一切」事物都可以視為戰略工具。具備這樣的思維後，就能更清楚地掌握何時該做什麼事，並在對的時間做對的事。

五火之名

凡火攻有五：一曰火人，二曰火積，三曰火輜，四曰火庫，五曰火隊。

五火之名，依重要性排序，首先火燒對方兵卒；其次燒其糧草；再其次是輜重、武器庫、交通要道等。

	01	02	03	04	05
	火	火	火	火	火
火攻對象	人	積	輜	庫	隊
有生力量	人馬 >	糧草 >	物資 >	武庫 >	要道

行火必有因，煙火必素具。

古代生火比較煩瑣，所以發動火攻前，要提前準備好下列必要的器具。臨陣鑽木取火，會導致火攻失敗。

火鐮 01　火獸 02　火盜 03

- 01 火箭、火鐮、火杏等器具
- 02 火禽、火獸（火牛陣）、火兵等執行者
- 03 火盜，也就是潛入敵營放火的奸細

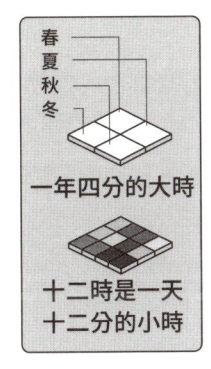

春夏秋冬 — 一年四分的大時

十二時是一天十二分的小時

發火有時，起火有日。時者，天之燥也；日者，月在箕、壁、翼、軫也。

「時」指四季，也就是一年四分的大時段；「十二時」則是指一天中分為十二個小時。「日」代表的是具體的日子，用來記錄月亮運行所對應的位置，也就是二十八星宿中的特定星宿。當月亮運行到這四個特定星宿時，便是容易起風的日子。這種觀察風向與時節的方法，是古人用來記錄「風角」的依據，而「風角」正是相當於現代軍事氣象學的概念。

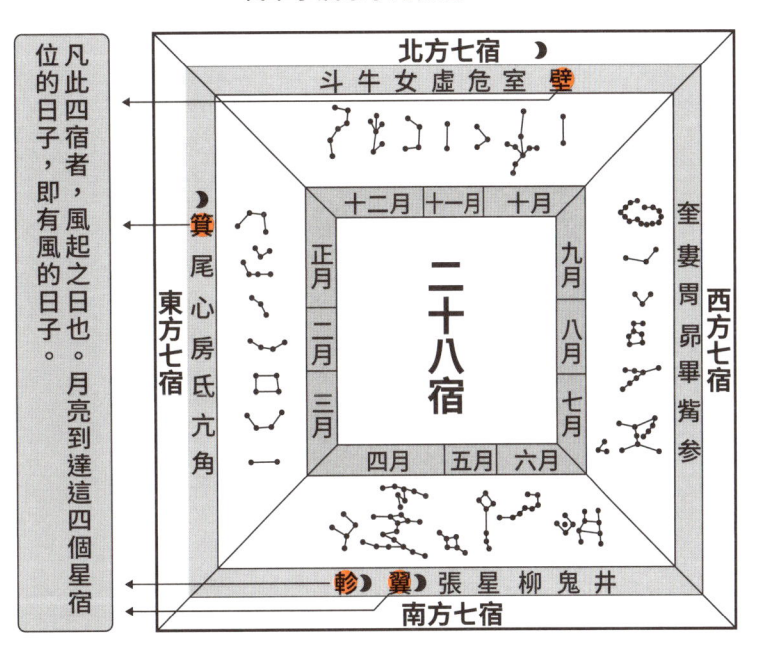

凡此四宿者，風起之日也。月亮到達這四個星位的日子，即有風的日子。

北方七宿　斗 牛 女 虛 危 室 壁

東方七宿　箕 尾 心 房 氐 亢 角

西方七宿　奎 婁 胃 昴 畢 觜 參

南方七宿　軫 翼 張 星 柳 鬼 井

二十八宿

十二月 十一月 十月　九月 八月 七月
正月 二月 三月　四月 五月 六月

135

68 火攻五用

曹操曰：「以火攻人，當擇時日也。」

原文

凡火攻，必因五火之變而應之。火發於內，則早應之於外。火發兵靜者，待而勿攻，極其火力，可從而從之，不可從而止。火可發於外，無待於內，以時發之。火發上風，無攻下風。晝風久，夜風止。凡軍必知有五火之變，以數守之。故以火佐攻者明，以水佐攻者強；水可以絕，不可以奪。

譯文

運用火攻時，必須根據五種火攻所引起的變化，採取相應對策。第一，若是從敵軍內部縱火（即「火盜」），應儘早派兵從外部策應。第二，若火勢已經燒起，但敵兵仍然保持鎮靜，應謹慎觀察，不可貿然進攻，以防止敵軍設下埋伏。待火勢燒到最旺時，若條件允許，則果斷進攻，若條件不利，則暫緩行動。第三，若是在敵軍周邊放火，則無須等待內應，依時機放火即可。第四，若火勢從上風處燃起，則不可從下風處進攻。第五，若白天颳風時間較長，則夜晚風勢便會停下，應根據風勢變化來選擇最佳放火時間。統領軍隊作戰必須要熟悉這五種火攻戰法，並配合合適的時機靈活應用。正因如此，善用火攻來輔助進攻的將領，可謂戰略高明；而擅長以水攻來輔助進攻的，則擁有強大的戰略能力。水攻雖然能有效阻隔敵人，卻不如火攻那樣可以直接殺害敵人，進而削弱敵軍的實力。

啟示

《易經》揭示的首要原則為「變易」，即「識變」的過程，世間萬事萬物皆處於不斷發展與變化的狀態之中。一切都在流動，一切都在變化。

在當今生活與工作中，時機都是留給準備好的人。因此，應持續增強自己的實力，以便能夠抓住機會，迎接挑戰。時機可以比擬為不斷移動的點，當這些點同時交會時，就會形成最有利的行動時刻。「以數守之」中的「數」，是指萬物變化背後的規律。在本文中特別是指天氣變化的規律，也就是根據氣候與風向的變化，來掌握火攻的最佳時機。

總結：世間萬物皆有其變化的規律，只要耐心等待合適的時機，並提前做好萬全準備，就能順勢而為。

火攻五用

凡火攻，必因五火之變而應之。

「五火之變」與「九地之變」一樣，都會隨著情況而變化，將帥必須採取相應的對策來因應這些變化。

情況		對策

01　在敵兵內部點火

火發於內，則早應之於外。

前文提到「行火必有因，煙火必素具」，意思是放火行動必須充分準備，其中一種做法就是「火盜」——指潛伏在敵方陣營內部放火的人。他們與外頭部隊裡應外合，行動目標明確，不會受到其他因素干擾。

應先派兵在外部策應　——內／外

02　火燒而敵兵鎮靜

火發兵靜者，待而勿攻，極其火力，可從而從之，不可從而止。

情勢已經非常危急，對方卻異常冷靜。這時要特別小心那些肉眼看不到、或容易被忽略的潛藏危機，可能有埋伏。此時情勢尚不明朗，應該密切觀察周遭環境，並隨時調整作戰策略。如果火勢延燒了一段時間後，確定四周沒有埋伏，就可以果斷發動攻擊；若有埋伏，就不應貿然進攻，要立即調整策略。

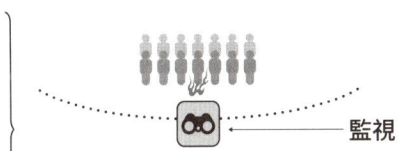

能攻則攻，不能攻則不攻　——監視

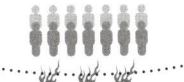

03　在敵兵外部點火

火可發於外，無待於內，以時發之。

如果選擇在敵方周邊放火，而不必等到內部有人配合。這就是「以時」放火——根據時機來決定何時行動。孫子會在下篇提到更多根據風向、日夜時段等不同條件來放火的情況。

依時機放火　——風

04　敵人從上風頭放火（我方）

火發上風，無攻下風。

火會借風力，風會助長火勢，因此要在上風處放火。若從下風處進攻，會傷及自身。這裡是在交代放火位置。

不能從下風處進攻　——不可

05　白天颳風若久

晝風久，夜風止。

白天風颳得久，晚上就會停止。這裡是在交代火攻的合適時機。

就不要計畫在晚上放火

奪　火　｜　絕　水

凡軍必知有五火之變，以數守之。故以火佐攻者明，以水佐攻者強；水可以絕，不可以奪。

火攻是戰爭中比較常見的進攻方式，只要時機合適、運用得當，就能發揮效果。
相比之下，水攻的作用主要是用來切斷敵人的聯繫，無法直接殲滅敵軍。

69 心火之火

十二・火攻

曹操曰：「以火攻人，當擇時日也。」

原文

夫戰勝攻取，而不修其功者凶，命曰費留。故曰：明主慮之，良將修之。非利不動，非得不用，非危不戰。主不可以怒而興師，將不可以慍而致戰。合於利而動，不合於利而止。怒可以復喜，慍可以復悅，亡國不可以復存，死者不可以復生。故明君慎之，良將警之，此安國全軍之道也。

譯文

戰爭獲勝並攻下城邑後，如果沒有能及時鞏固戰果，就可能陷入危險。這種只顧蠻幹、不穩固後續局勢的行為，無異於徒勞無功。因此，明智的君主應當慎重考量此事，賢明的將帥也應細心研判。對國家沒有實質利益的戰爭，絕不可輕率發動；沒有必勝把握，不可輕易用兵；非到萬不得已之時，不應隨意挑起戰端。君主不可因一時之怒而發動戰爭，將帥也不可因一時氣憤而貿然出戰。凡事須以國家利益為依歸：有利則行，無利則止。

憤怒的情緒會消退，喜悅的心情會恢復；然而，一旦國家滅亡，便無法復存，人亡也無法再復活。因此，明智的君主要謹慎看待，賢良將帥要多加警惕，此為確保國家安定、軍隊存續的關鍵。

啟示

〈火攻篇〉以「火」為核心，實際上可分為兩個層面來解讀：第一層是火攻的五種方式（稱為「五火之名」）以及實際應用、利弊（稱為「火攻五用」），這部分偏向「外」或「戰術」。第二部分則是內在修為或用兵之道，偏向「內」或「道」。這裡的「火」不只指戰場上的火攻，還包括內心的「心火」與「怒火」。戰場上雖然需要激情與決心，但對君主與將領來說，若被怒火控制，容易導致錯誤決策。

第一部分可以透過學習與訓練來掌握，但第二部分卻很難做到。如果一個人即使面對挑釁也能冷靜應對，代表他幾乎沒有弱點（不過「沒有弱點」本身也可能變成一種弱點），不容易犯錯，敵人就無從下手。這正是孫子所說的「先為不可勝，以待敵之可勝」——先讓自己無懈可擊，再等待對手露出破綻。詳細內容可參考〈兵勢篇〉（本書第48頁）。

內外兩種「火」都必須小心掌握。孫子一再提醒君主與將帥，不只要謹慎使用戰場上的火，也要控制自己內心的情緒。因為戰爭可以重新開打，但國家若滅亡，就沒有翻身機會；士兵若戰死，也不可能復生。

總結：衝動是決策的大忌，在衝動下所做的決策，都不能稱作決策。「不合利則止」，是指應懂得適時停止，且行且謹慎。

心火之火

夫戰勝攻取,而不修其功者凶,命曰費留。

「修其功」是從武力征服走向文治治理的轉化過程。譬如奪下一塊土地之後,須重新開墾與播種。若不治理、不耕種、任其荒廢,就容易被人破壞,導致浪費人力、物力與財力來修復,既耗時又勞民傷財。這種因缺乏後續經營而浪費資源的情況,便是所謂的「費留」。

⚠ 注意1

故曰:明主慮之,良將修之。非利不動,非得不用,非危不戰。

明智的君主、賢良的將帥要慎重考慮、認真研究此事。「非利不動」即前文所講的「兵以利動」——於國無利則不輕舉妄動,沒有必勝的把握則不用兵,不到萬不得已絕不開戰。

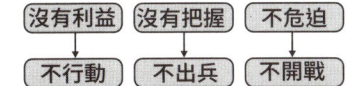

生活中值得注意的三個理性考量

⚠ 注意2

主不可以怒而興師,將不可以慍而致戰。合於利而動,不合於利而止。

君主與將帥不可因一時的憤怒或衝動而輕率發動戰爭、出陣應戰。這些都是非理性的行為,把戰爭當作兒戲對待,最終必然導致勞民傷財。〈作戰篇〉正是要提醒我們這一點。

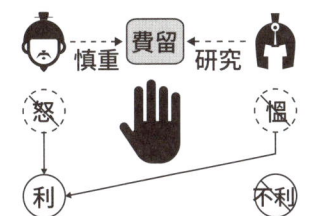

⚠ 注意3

怒可以復喜,慍可以復悅,亡國不可以復存,死者不可以復生。

憤怒如火,火雖能熄滅,卻容易重燃;怒氣雖可消退,卻可能再度升起。在日常生活與工作中,失敗了還能重新站起來;但若是在戰場上喪命,便再無翻身機會。戰爭絕非遊戲,必須審慎以對。

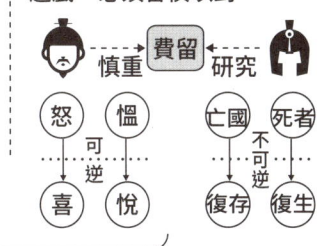

故明君慎之,良將警之,此安國全軍之道也。

本篇總結,明智的君主要謹慎看待,賢良的將帥要多加警惕,此為國家安定、保全軍隊的關鍵。

不因心火(情緒)浪費國家資源

↓

國家安定、軍隊保全

十三・用間

70 理性用間

曹操曰：「戰者必用間諜，以知敵之情實也。」

原文

孫子曰：凡興師十萬，出征千里，百姓之費，公家之奉，日費千金；內外騷動，怠於道路，不得操事者，七十萬家。相守數年，以爭一日之勝，而愛爵祿百金，不知敵之情者，不仁之至也，非人之將也，非主之佐也，非勝之主也。故明君賢將，所以動而勝人，成功出於眾者，先知也。先知者，不可取於鬼神，不可象於事，不可驗於度，必取於人，知敵之情者也。

譯文

孫子說：出兵十萬，遠征千里，無論對百姓的負擔，或對國家的財政支出，每日耗費的資源都高達千金。此外，戰爭帶來國內外的動盪不安，後勤補給線長期奔波，導致無法務農的百姓多達七十萬戶。這樣長期對峙數年，只為爭奪一時的勝負。如果因吝惜賞賜爵祿或金錢，而未能及時獲取敵方的情報，最終導致戰爭失敗，這樣的將領最為不仁。他既無資格領軍作戰，也不配輔佐君主，更無能力主宰戰爭的勝敗。

因此，明智的君王與賢能的將帥之所以能夠運籌帷幄、決勝千里，成就遠超常人的偉業，關鍵就在於他們在戰前已充分掌握敵方的實情。而要獲得這些資訊，並不是靠占卜，也不是用過往戰事類比現況，或觀察星象來預測吉凶，而是從熟悉敵情之人的口中，探得確切的情報。

啟示

本篇開頭與〈作戰篇〉相同，先點出戰爭給國家帶來巨大的損耗，如「日費千金」、「不得操事者，七十萬家」，並以客觀的數據作為引子，進一步引出「用間」的重要性。

戰爭是一筆龐大的支出，每個決策的代價都應該在戰前於廟堂之上精算清楚。若能用金錢解決的問題，就不應該糾結於眼前的支出，而忽視開戰後更長遠的影響。若此時不願花錢，將來可能付出更加高昂的代價。這種觀念不僅適用於戰爭，在日常生活中也十分常見。當然，有時即使投入金錢，也未必能解決問題，因為其中牽涉到肉眼無法察覺的「時間成本」。一支大軍耗費大量人力與物資，歷經一個月跋涉才抵達敵國，卻發現敵軍早已築起堅固的防線，原定的攻城計畫根本無法執行。來回折騰兩個月，最終一場空，白白勞師動眾、耗費國力。這樣的結果，難道不勞民傷財？更何況這段時間內所錯失的機會與資源，往往無法挽回。因此，在出兵之前，必須深思熟慮，審慎衡量各項成本與風險，才能避免徒勞無功。

總結：精打細算不能只計算明面上的花費，卻忽略了隱藏的時間成本。

理性用間

凡興師十萬，出征千里，百姓之費，公家之奉，日費千金；內外騷動，怠於道路，不得操事者，七十萬家。

十萬軍隊出門打仗，上上下下各種費用每天合計近千金；國內外也不得安寧，出兵導致七十萬家百姓不能安心從事耕作，田地荒蕪無人耕種，傷財又勞民，時間越久消耗越大。

相守數年，以爭一日之勝，而愛爵祿百金，不知敵之情者，不仁之至也，非人之將也，非主之佐也，非勝之主也。

在巨大的損耗面前，吝惜手裡的一點金錢和權勢，不捨得花錢用間諜，最後因不了解敵人而敗，這種人沒有資格領導萬千士兵，沒有資格輔佐君王，更何談勝利。

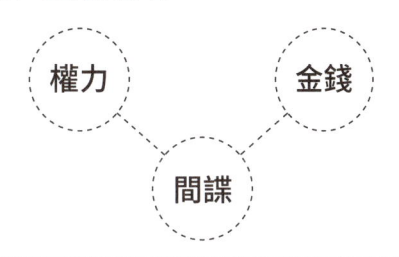

10萬 千金/天 — 十萬軍隊出門打仗
— 日費千金
70萬 — 七十萬家百姓不能安心從事耕作

權力　金錢
間諜

用間之費，只需要「爵祿百金」，不需要付出「興師十萬」「日費千金」「七十萬家」的代價。

先知者，不可取於鬼神，不可象於事，不可驗於度，必取於人，知敵之情者也。

三個「不」：一不靠求神問卜（要理性、科學求知）；二不用過往戰事類比現況（拒絕教條主義）；三不靠觀察星象來預測吉凶（以客觀事實為準則）。

先知

天、地、水、風與火，這些自然條件都能在戰爭中發揮輔助作用，但並不是決定勝負的關鍵因素。真正能左右戰局的，還是「人」。孫子在這裡特別強調：「想要預知敵情，最可靠的方式還是從熟悉敵方狀況的人那裡著手，更為穩妥。」

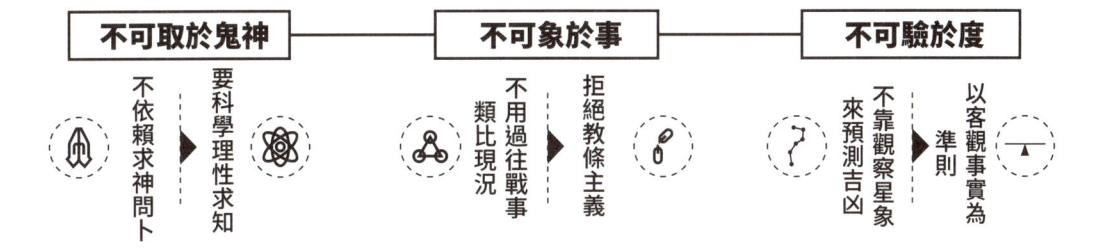

不可取於鬼神	不可象於事	不可驗於度
不依賴求神問卜 ▶ 要科學理性求知	不用過往戰事類比現況 ▶ 拒絕教條主義	不靠觀察星象來預測吉凶 ▶ 以客觀事實為準則

71 五間之用

十三・用間

曹操曰：「戰者必用間諜，以知敵之情實也。」

原文

故用間有五：有因間、有內間、有反間、有死間、有生間。五間俱起，莫知其道，是謂神紀，人君之寶也。因間者，因其鄉人而用之。內間者，因其官人而用之。反間者，因其敵間而用之。死間者，為誑事於外，令吾間知之，而傳於敵間也。生間者，反報也。

譯文

間諜的運用方式有以下五種：「因間」、「內間」、「反間」、「死間」、「生間」。若能同時運用這五種間諜，便無人能窺探其中的奧妙，這正是用間的精髓，也是君王的法寶。「因間」是利用敵國的平民作為間諜，從他們口中獲取敵方內部情況；「內間」是策反敵國官吏，讓敵方內部人士為己所用，從而獲取機密情報；「反間」是指收買或策反敵方間諜，讓其為己方提供虛假情報，進而誤導敵軍決策；「死間」是派遣我方間諜向敵人散布假情報，藉此蠱惑敵軍誘使其落入陷阱；「生間」則是深入敵方刺探情報，並成功返回彙報敵情的間諜。

啟示

雙方博弈的過程中，越能掌握對方的情報，勝算就越高，「間」這個角色由此而生。「間」的作用在於幫助我們蒐集對方精確的情報，由此勾勒出敵方的「畫像」（即對方的實力與戰略布局），或者說是「具體化」敵方的情況，藉此實現「知彼」，了解對方的優劣勢，進而調整我方的作戰方針，最終取得戰爭的主動權。

從個人層面來看，《鬼谷子》中講到「捭闔」，「捭」為開啟，「闔」為閉藏。「捭闔之術」，也就是開合有道、張弛有度。情報戰中，「間」的角色相當於「闔」，即蒐集情報、隱藏自身，這是幕後的準備；而在戰爭爆發時，則是「捭」，即根據情報發動攻擊，這是幕前的出手。只有捭闔相互配合，情報蒐集與戰略執行才能達到最佳效果。

現代生活與工作中，想要了解對方，就必須透過多種管道蒐集對方的資訊，這裡的「間」可以是對方的家人、朋友、同事、朋友、社群帳號等，都為提供資訊的管道。正如《孫子兵法》中所說：「微哉！微哉！無所不用間也。」「間」雖然能提供有價值的資訊，但畢竟是「第三方」資訊，往往會因個人主觀意識而產生偏差，是真是假，主觀還是客觀，也需要仔細分析。

總結：「間」如同一把雙刃劍。若能利用得好，就能從情報中獲得幫助；若利用得不好，則反被其噬。

五間之用

五間俱起，莫知其道，是謂神紀

運用間諜就像運作一支足球隊，前鋒負責攻城拔寨，中場負責掌控節奏，後衛負責防守，門將負責守護球門。每個角色分工不同，需要彼此配合。每場球賽都有精采的瞬間，進攻與防守之間的配合也場場不同，既精妙又富有變化。

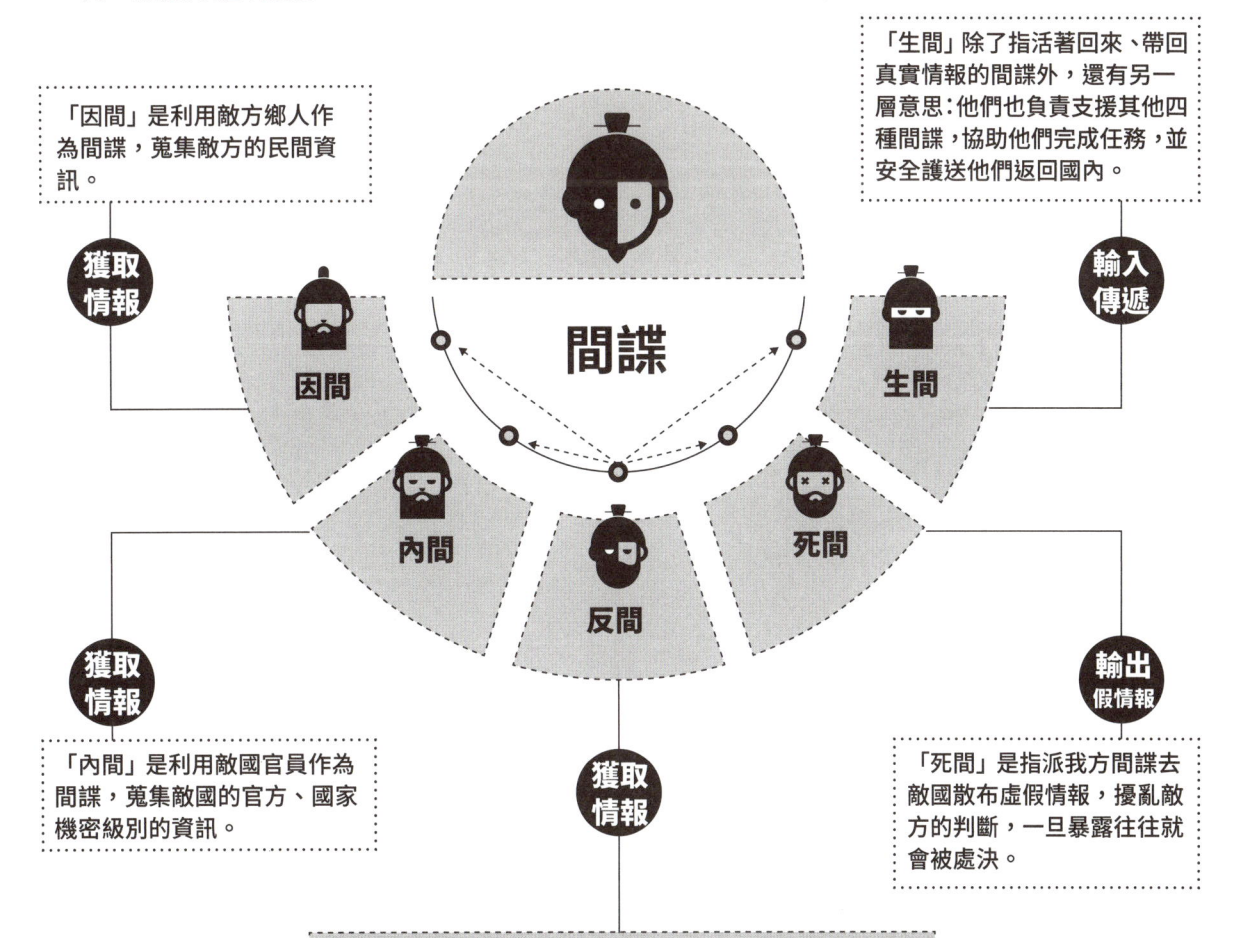

「因間」是利用敵方鄉人作為間諜，蒐集敵方的民間資訊。

「生間」除了指活著回來、帶回真實情報的間諜外，還有另一層意思：他們也負責支援其他四種間諜，協助他們完成任務，並安全護送他們返回國內。

- 獲取情報 — 因間
- 輸入傳遞 — 生間
- 獲取情報 — 內間
- 獲取情報 — 反間
- 輸出假情報 — 死間

「內間」是利用敵國官員作為間諜，蒐集敵國的官方、國家機密級別的資訊。

「死間」是指派我方間諜去敵國散布虛假情報，擾亂敵方的判斷，一旦暴露往往就會被處決。

「反間」是策反敵國的間諜，為我所用。反間是最為關鍵的間諜，藏得最深，知道得最多。

72 用兵之要

曹操曰：「戰者必用間諜，以知敵之情實也。」

原文

故三軍之事，莫親於間，賞莫厚於間，事莫密於間。非聖智不能用間，非仁義不能使間，非微妙不能得間之實。微哉！微哉！無所不用間也。間事未發而先聞者，間與所告者皆死。凡軍之所欲擊，城之所欲攻，人之所欲殺，必先知其守將、左右、謁者、門者、舍人之姓名，令吾間必索知之。必索敵人之間來間我者，因而利之，導而舍之，故反間可得而用也。因是而知之，故鄉間、內間可得而使也；因是而知之，故死間為誑事，可使告敵；因是而知之，故生間可使如期。五間之事，主必知之，知之必在於反間，故反間不可不厚也。昔殷之興也，伊摯在夏；周之興也，呂牙在殷。故惟明君賢將，能以上智為間者，必成大功。此兵之要，三軍之所恃而動也。

譯文

因此，在三軍之中，間諜是最值得信任的，應給予最優厚的獎賞，所有與之相關的各項事務也是最為保密的。若沒有卓越的智慧，便無法有效運用間諜；若沒有仁義德行，便無法指揮間諜；若缺乏精細的分析及判斷能力，便無法知悉真實情報。

用間之道非常巧妙，間諜可運用於各種情境之中。然而，一旦用間的計畫在尚未實施前便洩露消息，那麼間諜與走漏風聲之人皆須處死，以確保軍事機密不外洩。攻擊敵軍、攻城或刺殺敵方重要人物時，務必先掌握守城主將、副將親信、情報傳遞人員、守城的官吏及官舍看守人的相關資料及名單，我方間諜務必徹底調查清楚。此外，必須設法查出潛入我方內部的間諜，並以重金收買，誘導其為我所用，使其成為「反間」。透過反間提供的情報，進而獲得因間與內間的合適人選；透過反間的情報，可派遣死間散布虛假消息，並讓敵方誤以為我方已經受到迷惑；透過反間的情報，生間可如期回報敵情。五種間諜的運用方式，指揮者必須熟知其中的奧妙，並了解「反間」的重要性，因此必須重用並厚待反間。

歷史上，商朝的興起，得益於伊尹在夏朝擔任間諜；周朝的興起，得益於姜尚在商朝內部活動。所以，明君與賢將任用智謀過人的人才擔任間諜，自然能建功立業。這是用兵之關鍵，三軍都要依賴於此。

啟示

「知彼知己，百戰不殆」，其中「知彼」是發動戰爭的前提。如何做到「知彼」？關鍵就在於運用間諜來蒐集情報，描繪敵方的實際情況，在掌握敵方實力後，才能決定「合於利則戰，不合於利則止」。用間是可靠的「知彼」手段，而「知彼」的程度也為「先為不可勝」提供了參考標準。

至此，《孫子兵法》十三篇的內容結束，本書透過七十二張全局思考分析圖，搭配譯文、啟示與總結，為讀者們講解其中的意義，感謝各位讀者的陪伴與支持。

總結：終身學習的意義，在於發現並修正自身的缺點與盲點，這場對抗自我的戰爭，將持續到生命的最後一刻。

用兵之要

非微妙不能得間之實
沒有精細的分析能力及判斷能力，就無法獲取真實的情報。

微哉！微哉！無所不用間也。
從這些間諜類型可看出，我方需要掌握敵方從上到下各層級所有特定資訊，這些都是「知彼」所需的重要情報。

間事未發而先聞者，間與所告者皆死。
「用間」的大忌是洩露情報資訊，一旦洩露，間諜及走漏消息的人都必須處死。

凡軍之所欲擊，城之所欲攻，人之所欲殺，必先知其守將、左右、謁者、門者、舍人之姓名，令吾間必索知之。

開戰前，必須掌握敵軍的重點目標與關鍵人物。所謂「擒賊先擒王」，是指要知道守城的主帥、副將與親信是誰，從上到下都要清楚。因此，我方需動用各類間諜配合偵察，徹底掌握敵情。

非聖智不能用間
若沒有卓越的智慧，思考不夠靈光，則建議不要用間諜。

非仁義不能使間
沒有仁義之心、慷慨之德行，這種人無法好好運用間諜。

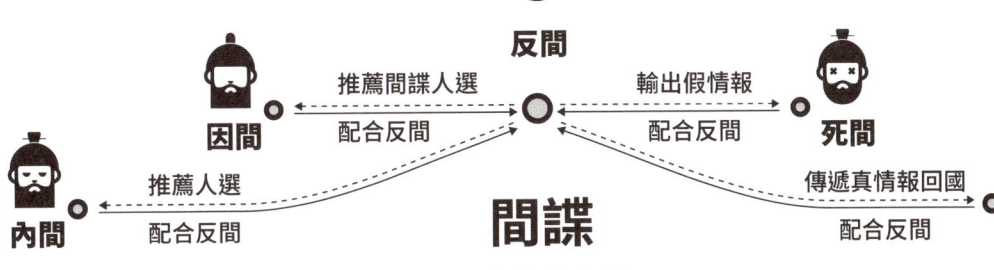

重金收買利用 → 收到情報

反間

因間 ← 推薦間諜人選 / 配合反間 → 輸出假情報 / 配合反間 → 死間

內間 ← 推薦人選 / 配合反間　　傳遞真情報回國 / 配合反間 → 生間

間諜

兩個人物案例

伊尹　姜尚

商代興起，原因在於伊尹在夏擔任間諜，了解夏的情況，商湯依靠伊尹的幫助打敗了夏桀。

周代興起，原因在於姜尚在殷商擔任間諜，了解殷商的情況。

故惟明君賢將，能以上智為間者，必成大功。此兵之要，三軍之所恃而動也。

因此，明君與賢將會任用有智慧的人擔任間諜，自然能建功立業。這是用兵的關鍵所在，三軍都仰賴於此。

【附錄】

軍事小百科

中國古代謀士	147
古代作戰陣法	150
戰爭兵器圖鑑	156
古代典型甲冑	160

中國古代謀士

姜子牙
韜略鼻祖、兵家之宗

姜子牙（約西元前1156—前1017年），本名姜尚，字子牙，後人多稱其為姜子牙、姜太公。商末周初著名的政治家、軍事家和謀略家。

主要成就

姜子牙在齊國整頓政務，順應民風，簡化禮教，並積極開發工商業，發展漁業與鹽業的優勢，使得民心歸附，齊國因此日益強盛，躍升為一方大國。他既是滿腹韜略的賢臣，也是傑出的政治家，歷代君主皆尊崇不已，《詩經》及唐代以前眾多史籍與文學作品中皆有對他的頌讚。中國古代的兵法、兵書、戰略與戰術等軍事理論體系，起源於齊國，皆可溯源至姜太公。因此，後人尊他為「兵家宗師」、「齊國兵聖」、「中國武祖」。

管仲
春秋第一霸主的打造者

管仲（約西元前725—前645年），姬姓，管氏，名夷吾，字仲，春秋時期法家代表人物。齊國潁上（今安徽省潁上縣）人。他是中國古代著名的軍事家、政治家、經濟學家、改革家，被譽為「聖人之師」。

主要成就

管仲整頓行政體制，實行「三其國而五其鄙」的制度，目的是「定民之居」，也就是讓士、農、工、商各安其位，各盡其職，進一步細化行政區劃，維持社會穩定。他重視人才選拔，創立「三選制」，由國家推選、國君審核、上卿任用助手，打破貴族世襲官職的壟斷，使國家能依才能授予官職。在治國方面，他主張改革以富國強兵，並提出名言：「國多財則遠者來，地辟舉則民留處，倉廩實而知禮節，衣食足而知榮辱」，成為後世治國的重要準則。外交上，管仲主張「尊王攘夷」，以諸侯之長的身分，奉天子之名討伐不服從者。他以卓越的謀略輔佐齊桓公成就春秋時期首位霸主，其政治智慧與改革精神備受推崇。

范蠡
奇謀成就政界與商界

范蠡（前西元536—前448年），字少伯，楚國宛（今河南省南陽市）人。春秋末期政治家、軍事家、經濟學家和道家學者。范蠡為中國早期商業理論家，楚學開拓者之一，被後人尊稱為「商聖」。

主要成就

范蠡的政治成就包括：勸說勾踐保全性命、設法引發夫差的惻隱之心、鞏固越國軍力、削弱吳國士氣，並與勾踐密謀二十餘年，終於「臥薪嚐膽」一朝雪恥、復國成功。他的軍事理念強調：強則戒驕逸，處安有備；弱則暗圖強，待機而動；用兵善乘虛蹈隙，出奇制勝。他的軍事思想深受後世推崇，可歸納為三大觀念：樸素唯物的戰略觀、靈活機變的戰術觀，以及以富國強民為核心的國防觀。

李斯 秦王朝興衰成敗的引路者

李斯（約前284—前208年），字通古。戰國末期楚國上蔡（今河南省駐馬店市上蔡縣）人。著名的政治家、文學家和書法家。

主要成就

李斯幫助秦始皇統一華夏，開創了中國第一個封建王朝，推動了大一統的歷史進程，他的政治理念奠定了中國兩千多年封建專制的基本格局。秦統一六國之後，廢除分封制，建立郡縣制，把全國分為三十六郡，郡以下為縣。這套中央集權制度，剷除了諸侯王國分裂割據的禍根，利於鞏固國家統一，促進當時的社會發展。在經濟與文化方面，無論是車同軌、書同文、統一度量衡、統一貨幣，還是秦頒布的一系列政策中，都有李斯的智慧。

張良 輔佐劉邦，漢初三傑之一

張良（約西元前250—前189年），字子房，韓國（一說為今河南省新鄭市）人。秦末漢初傑出謀臣，西漢開國元勳，與韓信、蕭何並稱為「漢初三傑」。

主要成就

張良為劉邦的重要謀士，協助劉邦在楚漢戰爭中成功完成以下著名軍事鬥爭：降宛取嶢，佐策入關；諫主安民，鬥智鴻門；明修棧道，暗度陳倉；下邑奇謀，畫箸阻封；虛撫韓彭，兵圍垓下，為劉邦統一大業奠定了堅實基礎。幫助呂后扶持劉盈登上太子之位。張良精通黃老之道，不貪戀權位，功成身退，不問政事。去世後，諡為文成侯。漢高祖劉邦在洛陽南宮評價他說：「夫運籌策帷帳之中，決勝於千里之外，吾不如子房。」張良堪稱謀士的楷模，被後人尊為「謀聖」。

諸葛亮 輔佐二主建立蜀漢基業

諸葛亮（西元181—234年），字孔明，號臥龍（也作伏龍），徐州琅琊陽都（今山東臨沂市沂南縣）人，三國時期蜀漢丞相，傑出的政治家、軍事家、散文家、書法家、發明家。

主要成就

在軍事方面，諸葛亮治軍有方，主張以「明」治軍、以「信」為本。他曾多次北伐曹魏，致力於匡扶漢室；在軍事技術上也有卓越成就，如改良連弩、推演兵法、創作八陣圖等。在廉政建設方面，諸葛亮身為丞相，深知「屋漏在下，止之在上；上漏不止，下不可居也」的道理，認為廉政必須由上而下。他以身作則，將廉政視為治國的重要原則，對蜀漢的政治、經濟、軍事與文化產生深遠影響。此外，他倡導公開立法、公平執法，開創了領先當時的法律理念。唐代更將他列為武廟十哲之一，與張良、韓信、白起等歷代兵家齊名。

文韜武略之「杜武庫」 杜預

杜預（西元224—284年），字元凱，京兆郡杜陵縣（今陝西省西安市）人。西晉軍事家、經學家、律學家。

主要成就

杜預在軍事上功績卓著，是滅吳統一戰爭的主要統帥之一。他曾率軍奇襲西陵這一東吳重要軍鎮，並巧妙離間吳國君臣，使吳主孫皓臨陣換將，動搖了軍心。他三次上奏請戰，最終平定東吳，完成統一大業，堪稱智勇兼備的名將。在政治方面，他致力於整頓吏治，主張建立嚴明的賞罰制度，提出「流年黜陟法」，並建議推行籍田制、實施安邊政策、管理鹽運與水利建設，對國家治理和民生發展均有實質貢獻。在律學思想方面，他為《泰始律》（即《晉律》）撰寫《律本》作為注釋，體現其法律主張，主要包括：一、主張將「禮」納入法律，使禮法合一；二、「文約而例直，聽省而禁簡」；三、明確區分律與令的適用範圍。

唐太宗的治國謀臣 魏徵

魏徵（西元580—643年），字玄成，魏郡館陶（今屬河北）人，唐代政治家、思想家、文學家和史學家。

主要成就

魏徵在政治上的主要成就包括以下幾方面：第一，敢於直諫，剖析時政。他針對朝廷軍政大事的錯誤，堅持原則、據理力爭，對關乎國家安危的重要問題，從不妥協。第二，鑑於隋末人口流亡、經濟凋敝、百廢待興，他主張偃武修文，實施有利國計民生的休養政策，體現出他政治上的「致化」理念。第三，倡導兼聽納諫，君臣共治。他認為君主應虛心聽取臣下意見，集思廣益，以避免獨斷專行，實現君臣合力治理天下。此外，他還強調知人善任、懲惡勸善、居安思危與慎終如始等治國之道。魏徵輔佐唐太宗，共同成就「貞觀之治」，被後人譽為「一代名相」。

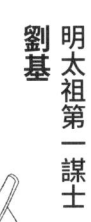

明太祖第一謀士 劉基

劉基(西元1311—1375年)，字伯溫，處州青田(今屬浙江)人，明代開國功臣，傑出的政治家、軍事家和文學家。

主要成就

在關鍵的戰略時期，劉基準確分析軍事形勢，提出「先滅陳友諒、再取張士誠」的正確建議，對朱元璋掃平群雄、統一天下具有決定性影響。在政治上，劉基主張施行德政、贏得民心，這是他治國思想的核心，也是其建功立業的理論基礎。他的民本思想兼具政治與經濟意涵，成為施政的基本方針，並透過實踐生產、親民行動以身作則。同時，他重視法治，明朝建立後建議推行衛所制度，加強皇帝對軍隊的掌控，對鞏固中央集權發揮了重要作用。

古代作戰陣法

在古代，戰爭規模逐漸擴大，參戰人數不斷增加，卻缺乏遠距離通訊方式，因此軍隊作戰時非常講究陣法。所謂「陣」，是指部隊投入戰鬥時，根據地形、敵我實力等具體情況，所安排的戰鬥隊形。從最基礎的一兵、一伍、一列開始，到整支軍隊的編制，都強調「立兵伍，定行列，正縱橫」，也就是要明確分工、排列整齊，讓隊形有秩序。透過合理的編組，可以充分發揮

方陣

方陣是軍隊作戰中最基本的隊形，通常用於正面攻擊敵軍。指揮官會坐鎮在部隊中央偏後的位置，以掌握全局變化，靈活調度兵力，加強正面攻擊，爭取作戰勝利。孫臏說：「方陣之法，必薄中厚方，居陣在右。」這句話的意思是：部署方陣時，中間兵力應該較少，四周則要加強防守；而「居陣在右」指的是指揮官的位置應位於陣後，便於掌控指揮。方陣中間兵力較少，方便傳達命令，也有可能用來虛張聲勢；而四周兵力充足，既可發動攻擊，也能抵禦敵人來襲。整體來說，方陣是一種攻守相對平衡的隊形。至於金鼓等指揮輔助部隊，通常會部署在方陣的後方。

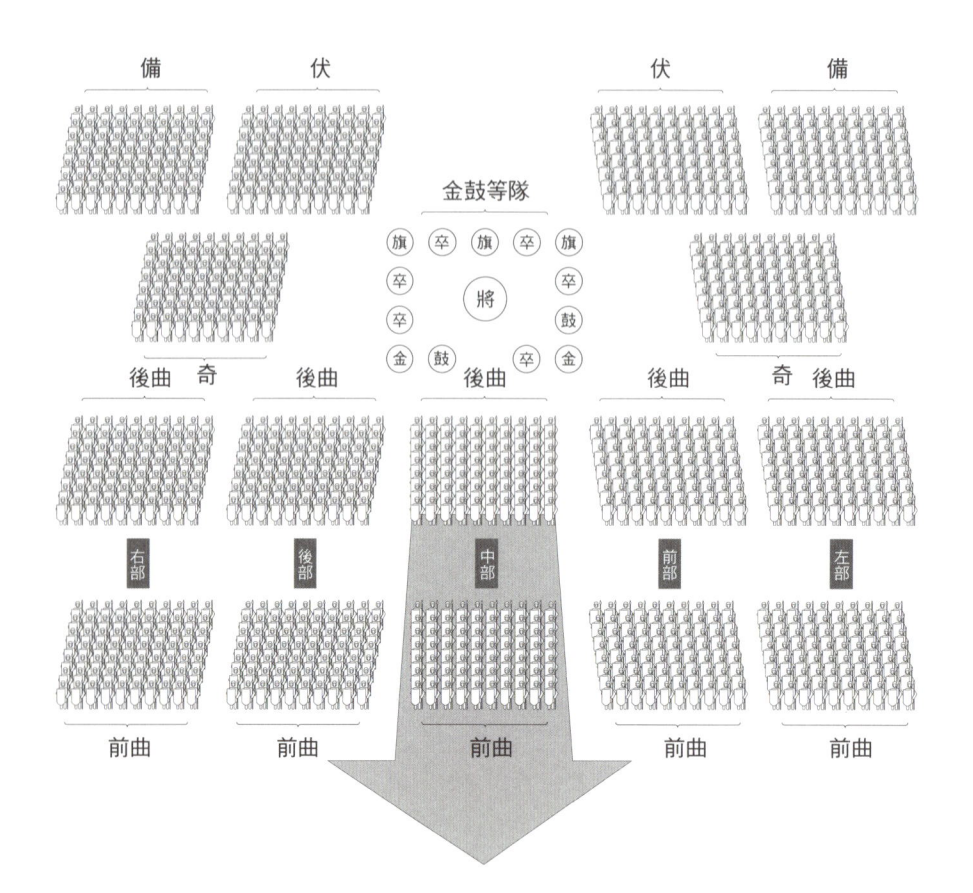

士兵的戰鬥力和武器威利用,不僅提升擊敗敵人的效率,也能降低被敵軍攻擊的風險。戰國時期的《孫臏兵法・十陣》中,便詳細論述了各種戰陣的形式——「凡陣有十:有方陣、圓陣、疏陣、數陣、錐行之陣、雁行之陣、鉤行之陣、玄襄之陣、火陣、水陣。」以下陣型的圖解,參考自蘇靜主編的《知中:孫子兵法指南書》(中信出版社,2016年)。

圓陣

圓陣是一種以防守為主的陣型,通常在地勢平坦的地區用來防禦敵軍。部隊會平均分布在圓形的周圍,將領與金鼓旗幟則設置在中央,以集中指揮、統一調度。由於兵力分布均勻且防線環環相扣,敵軍不容易找到突破口,因此圓陣具有較強的防禦力。

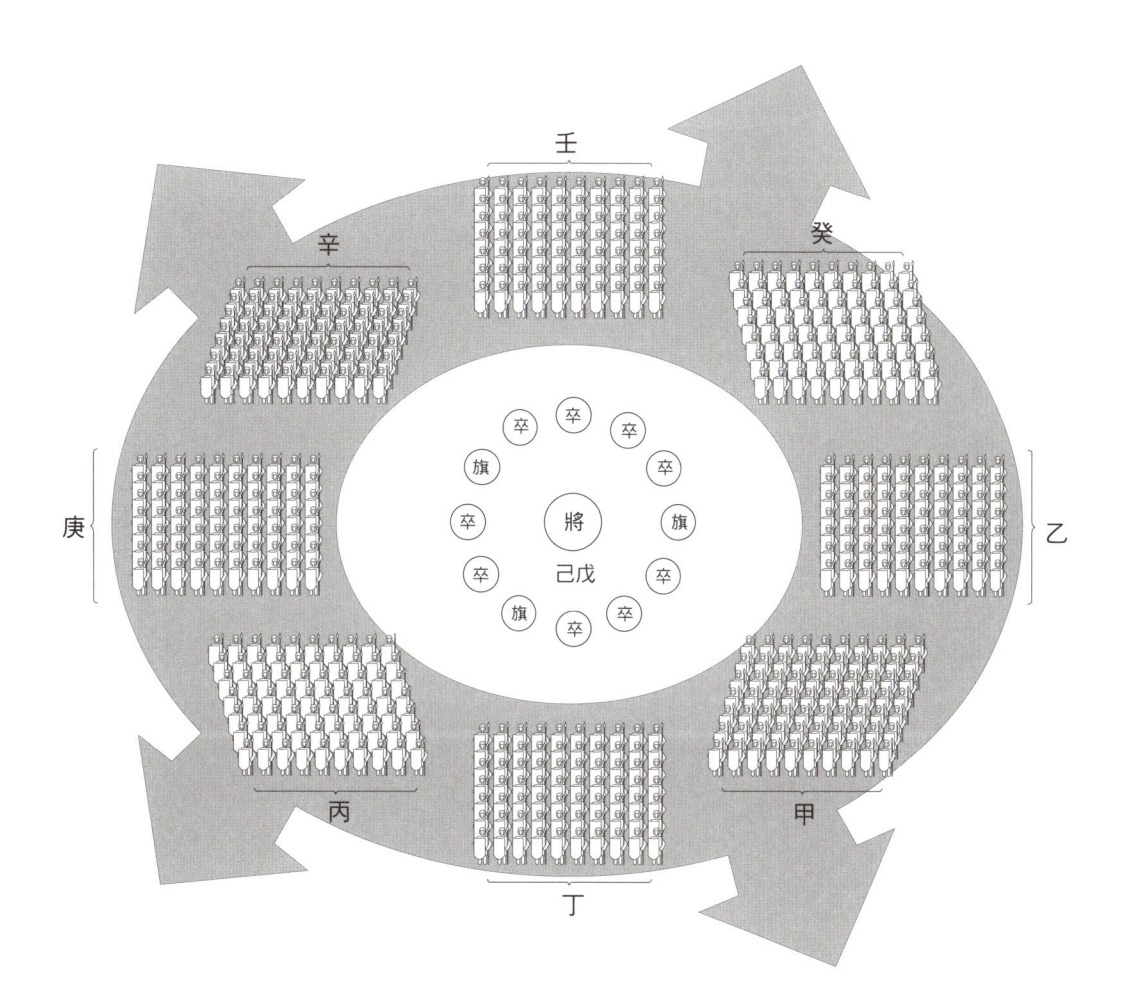

錐行陣

錐形陣是一種以突破敵軍陣線為目標的陣型，形狀如同一把斧頭，利用尖端的鋒利部隊撕裂敵陣。前方部隊呈尖銳隊形向前突進，深入敵軍；後方部隊則迅速切斷敵軍各部分之間的聯繫。接著主力部隊從後方全面推進，將敵人分割包圍，逐一殲滅。孫臏曾說：「錐行之陣……末必銳，刃必薄，本必鴻。然則錐行之陣可以決絕矣。」意思是：錐形陣就像一把鋼劍，劍尖要銳利，象徵前鋒部隊要靈活且有穿透力；刀刃要薄，代表兩翼部隊要快速機動；劍身要厚實，表示主力部隊需具備強大攻擊力。整體而言，錐形陣是一種能突破敵軍防線、迅速打亂陣形的攻擊陣型。

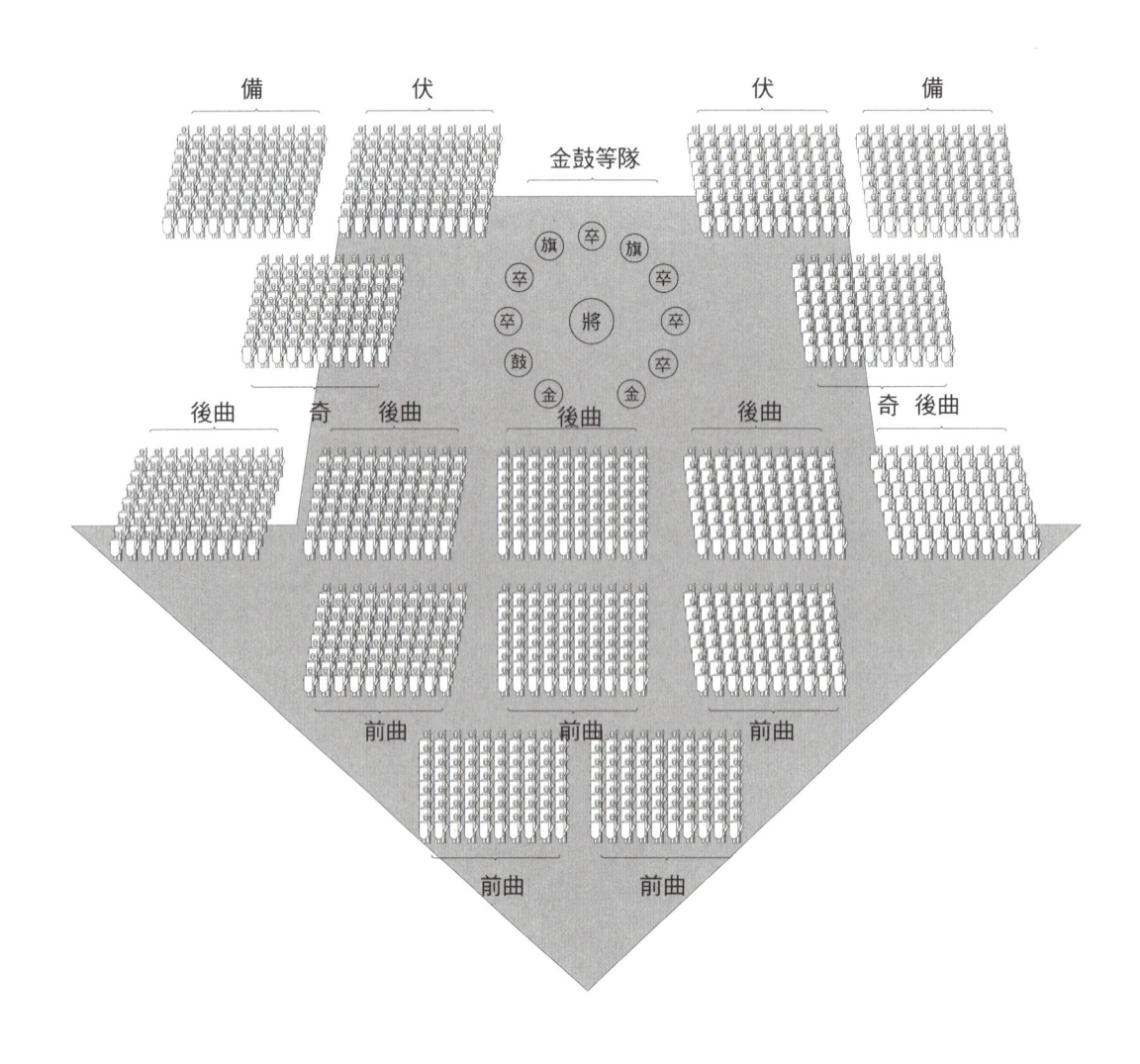

鉤行陣

此為應對戰場臨時變化的陣形。孫臏說：「鉤行之陣，前列必方，左右之和必鉤。」此陣正前方為方陣，左右兩側部隊彎成鉤形，就形成了鉤形陣。左右鉤形不僅能確保側面士兵的安全，還可以成為隊形變化的支點。此陣形多在變換戰鬥隊形時使用。

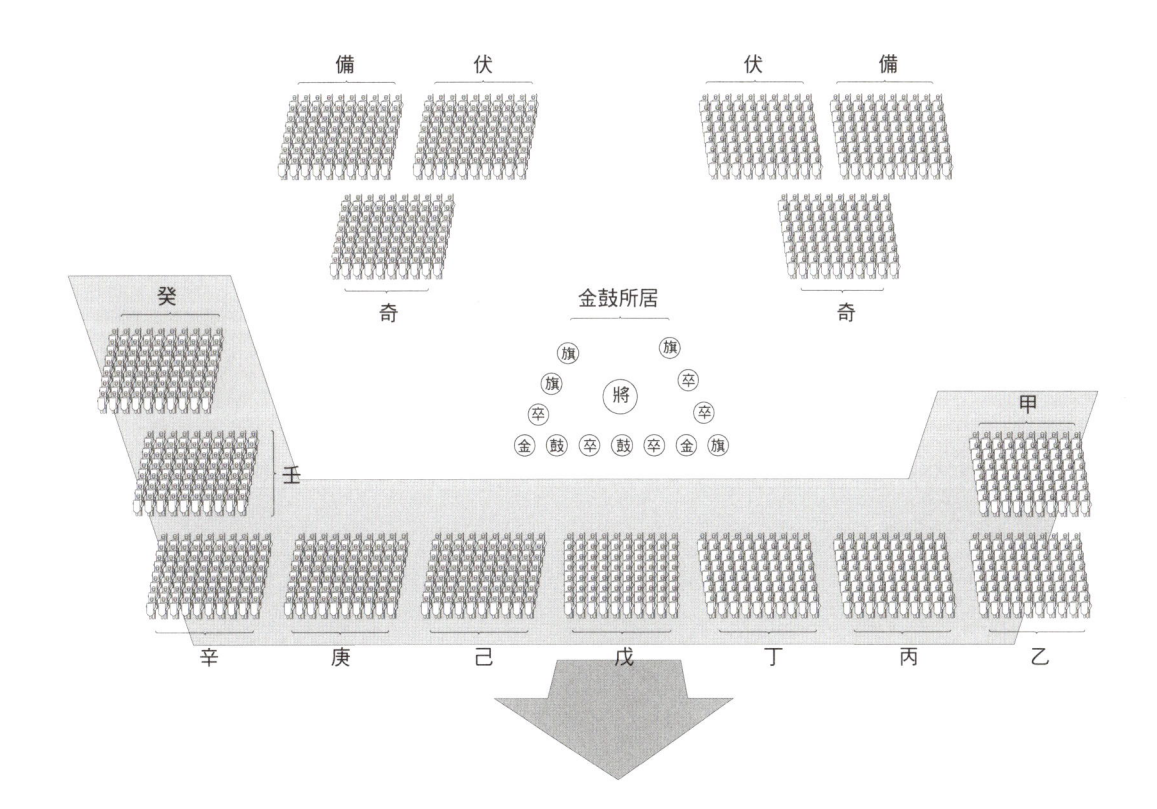

備　伏　　　伏　備

奇　　金鼓所居　　奇

癸　　　　　　　　　　　甲

壬

辛　庚　己　戊　丁　丙　乙

雁行陣

此陣形是攻擊型的兵陣，適合在發動弓弩戰時使用。雁形陣是一種橫向展開、左右兩翼向前，或者向後梯次排列的戰鬥隊形。向前的是V形，可用於包抄敵人，但此時後方的防禦就會比較薄弱；若兩翼呈倒V形，則可保護後方的安全，防止敵軍的迂迴包抄，因而雁形陣也具有一定的防禦功能。

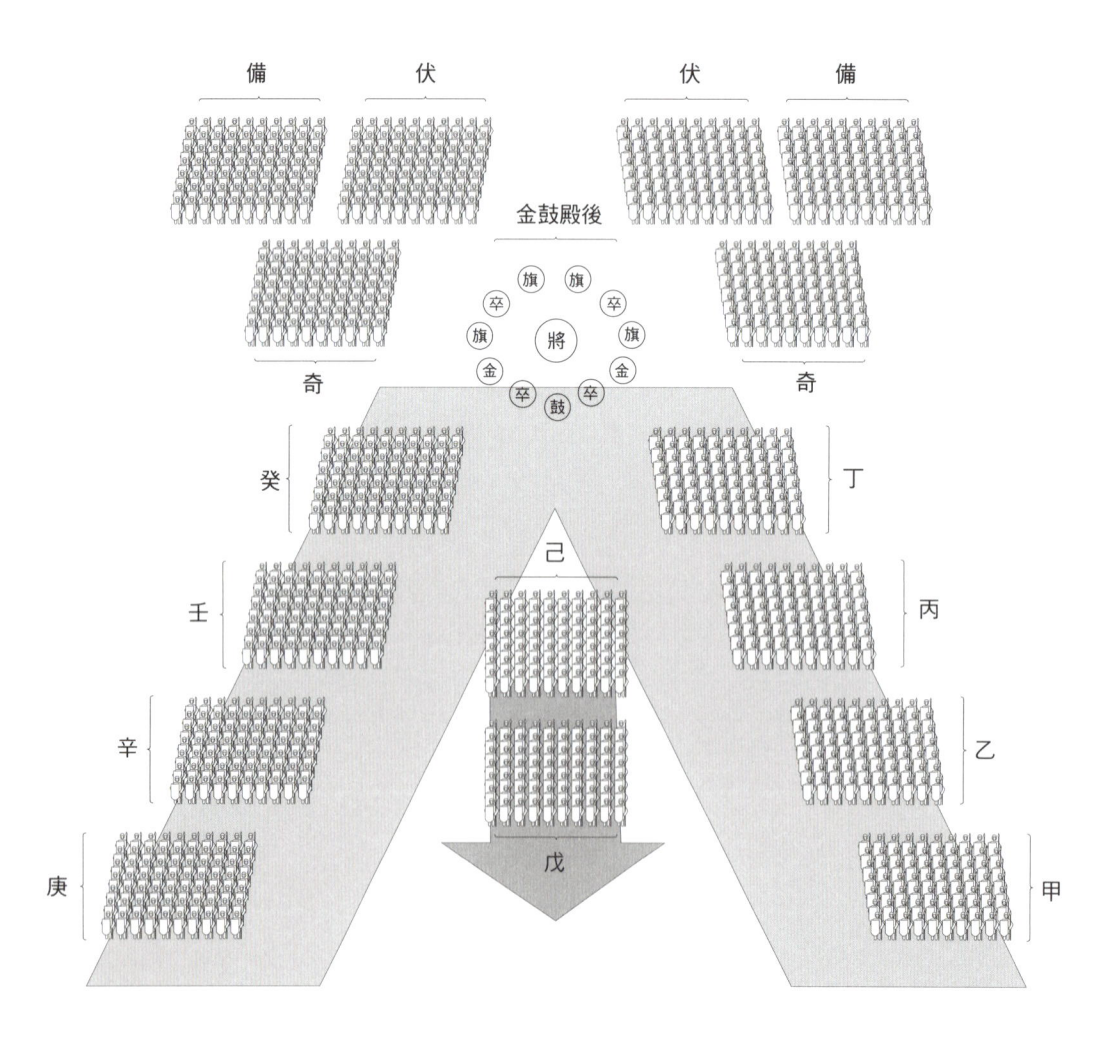

箕行陣

這種陣型屬於攻守兼備的隊形，適合用於穩步推進的戰鬥方式。各兵種之間能夠良好協作，發揮出有效的攻擊與防禦效果。對於像魚鱗陣這類重攻擊、輕防禦的陣型，具有良好的克制與打擊作用。

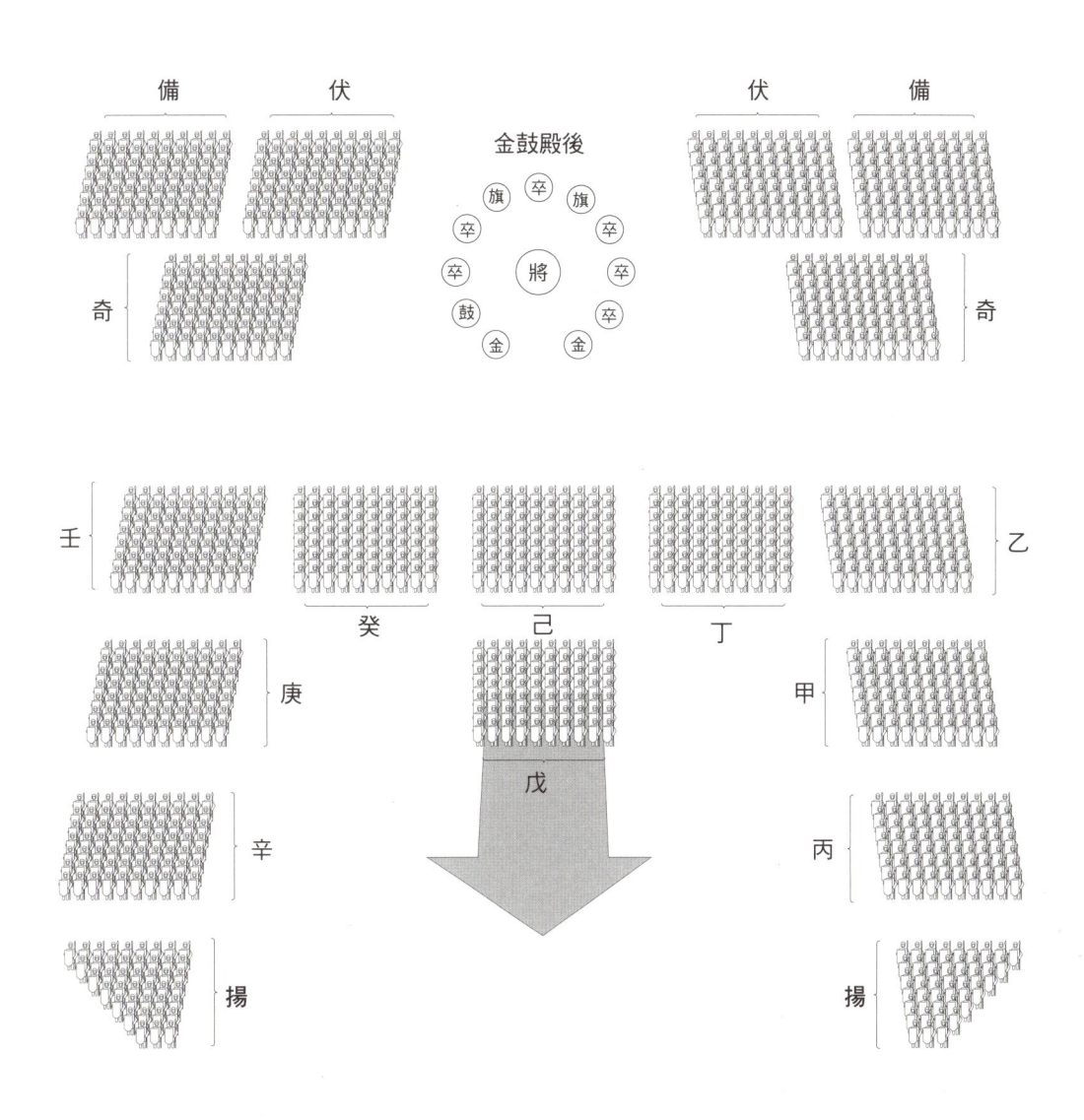

戰爭兵器圖鑑

古代戰爭中需要用到的兵器種類繁多，主要包括刀、劍等近戰冷兵器，以及以弓、弩為代表的遠距兵器。春秋時期開始廣泛運用戰車，以及各種用

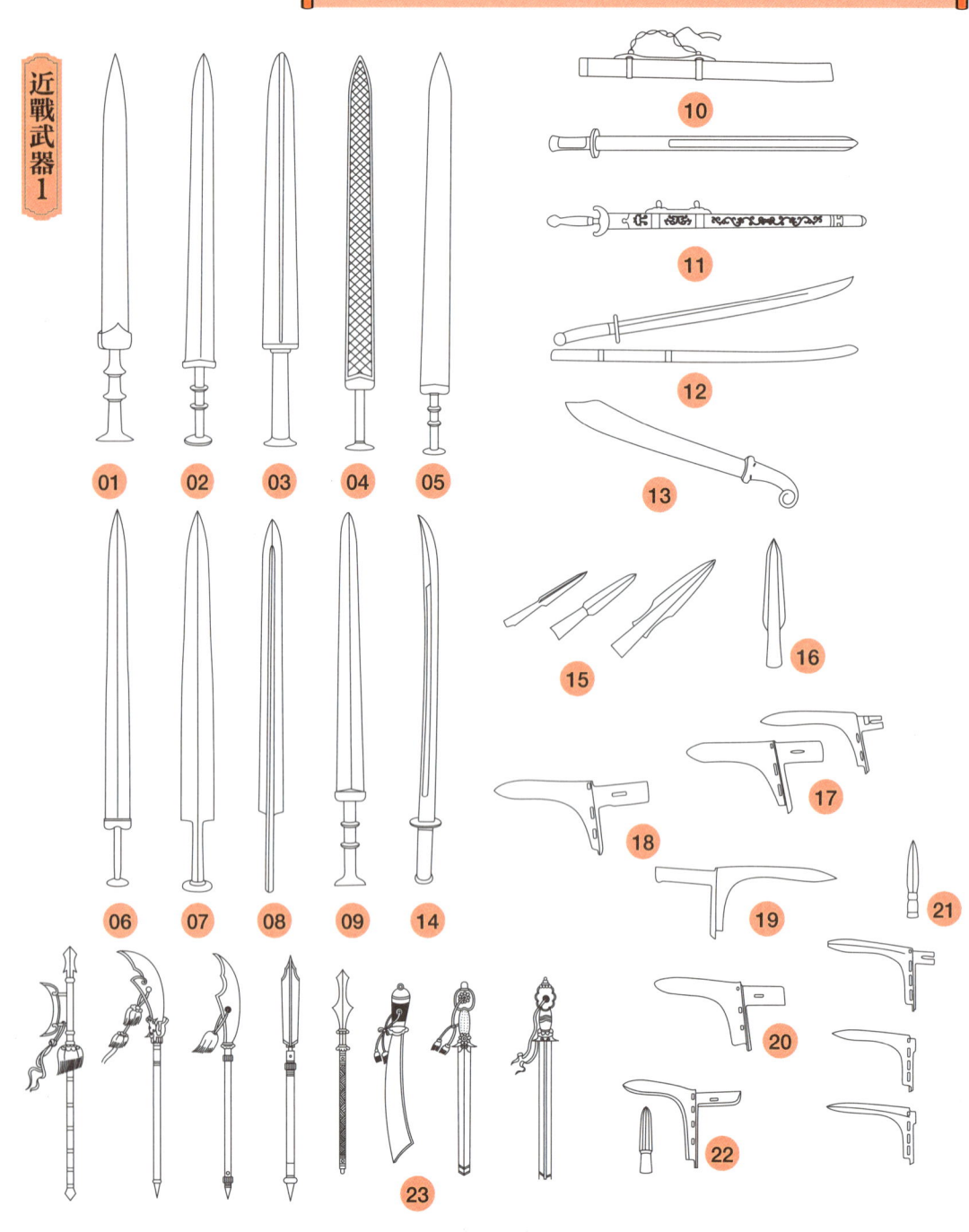

近戰武器1

- 01 春秋銅劍
- 02 春秋齊國銅劍
- 03 春秋吳太子姑發劍
- 04 越王勾踐劍
- 05 戰國越王古劍
- 06 戰國越王州勾劍
- 07 戰國素面薄格劍
- 08 戰國兩色劍
- 09 秦青銅劍
- 10 清代漆鞘鐵寶劍
- 11 清代七星琴鶴劍
- 12 清代黑皮鞘銅飾件鋼腰刀
- 13 清代雕花玉炳鋼刀
- 14 清代寶刀
- 15 春秋銅矛
- 16 戰國銅矛
- 17 春秋銅戈
- 18 春秋高子戈
- 19 戰國銅戈
- 20 戰國「左行議率」戈
- 21 戰國三戈戟
- 22 秦相邦七年銅戟
- 23 《武經總要》中描繪的刀、槍、劍、戟

於攻城與守城的大型器械。隨著火藥的發明，火器也逐漸被廣泛應用於戰爭中。以下繪圖樣式參考了蘇靜主編的《知中：孫子兵法指南書》（中信出版社，2016年）。

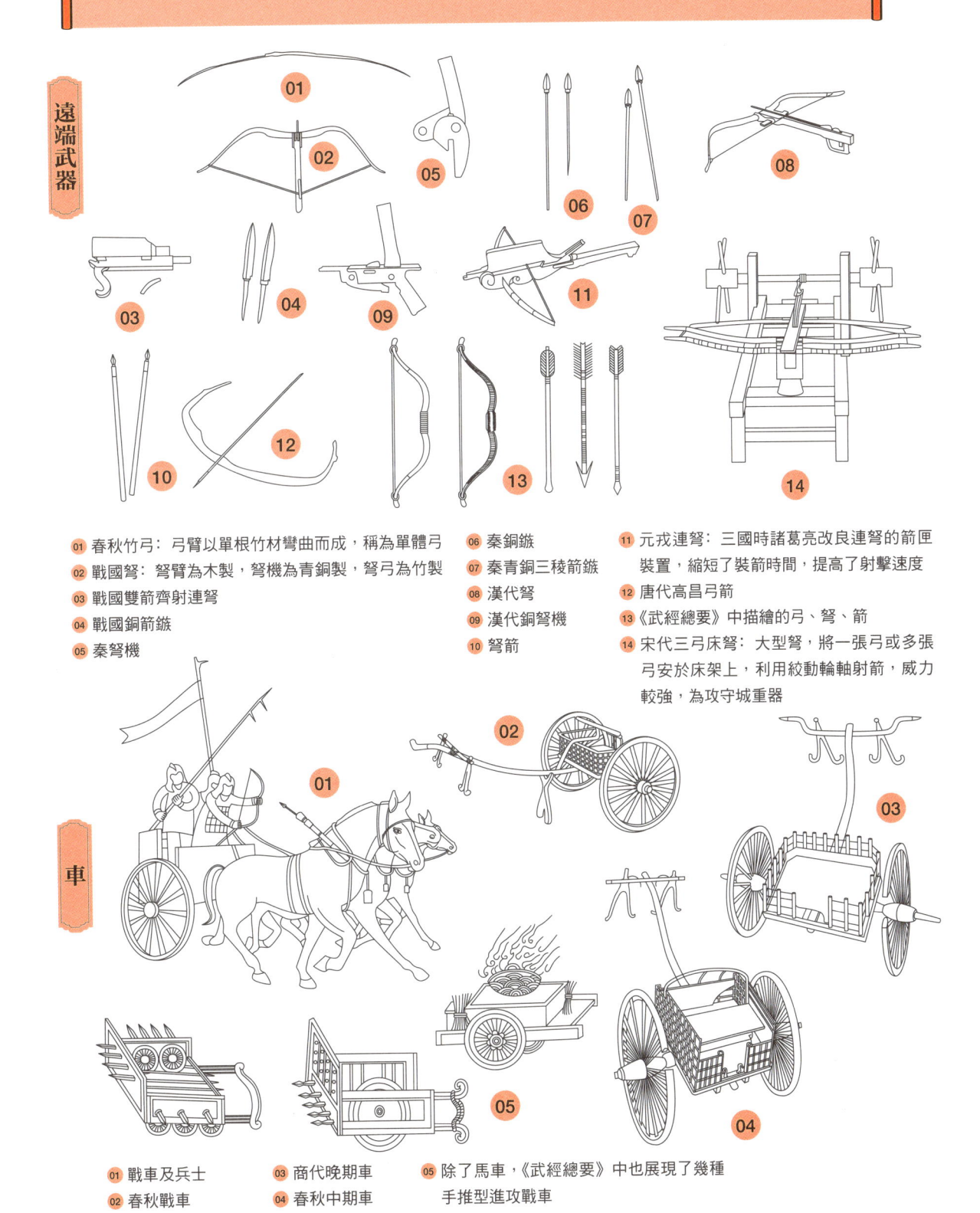

遠端武器

01 春秋竹弓：弓臂以單根竹材彎曲而成，稱為單體弓
02 戰國弩：弩臂為木製，弩機為青銅製，弩弓為竹製
03 戰國雙箭齊射連弩
04 戰國銅箭鏃
05 秦弩機
06 秦銅鏃
07 秦青銅三稜箭鏃
08 漢代弩
09 漢代銅弩機
10 弩箭
11 元戎連弩：三國時諸葛亮改良連弩的箭匣裝置，縮短了裝箭時間，提高了射擊速度
12 唐代高昌弓箭
13 《武經總要》中描繪的弓、弩、箭
14 宋代三弓床弩：大型弩，將一張弓或多張弓安於床架上，利用絞動輪軸射箭，威力較強，為攻守城重器

車

01 戰車及兵士
02 春秋戰車
03 商代晚期車
04 春秋中期車
05 除了馬車，《武經總要》中也展現了幾種手推型進攻戰車

攻守城器械

01 雲梯：帶有輪子，可以推動至城門缺口處，用以阻止敵方行進，也用於攀越城牆
02 拋石機：利用槓桿原理，拋射石彈
03 撞車：靠衝撞的力量，破壞城牆或城門
04 三國撞車頭
05 輼輶車：一種四輪、無底的木車，上面蓋著牛皮，可以抵禦城上射下的箭矢，士兵們躲避其中，推動木車前行，慢慢接近城牆
06 塞門刀車：車前的刀壁上裝有鋼刀，使用時將車推至城門缺口處，用以擋住敵方的箭、石，也可用於殺敵
07 08 09 木檑、磚檑、泥檑：用木頭或泥磚製成的鈍器，用以砸擊敵人
10 《武經總要》中描繪的攻守城器械

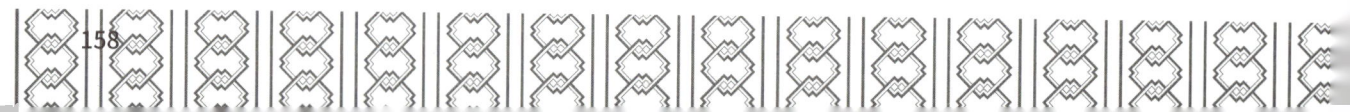

火器

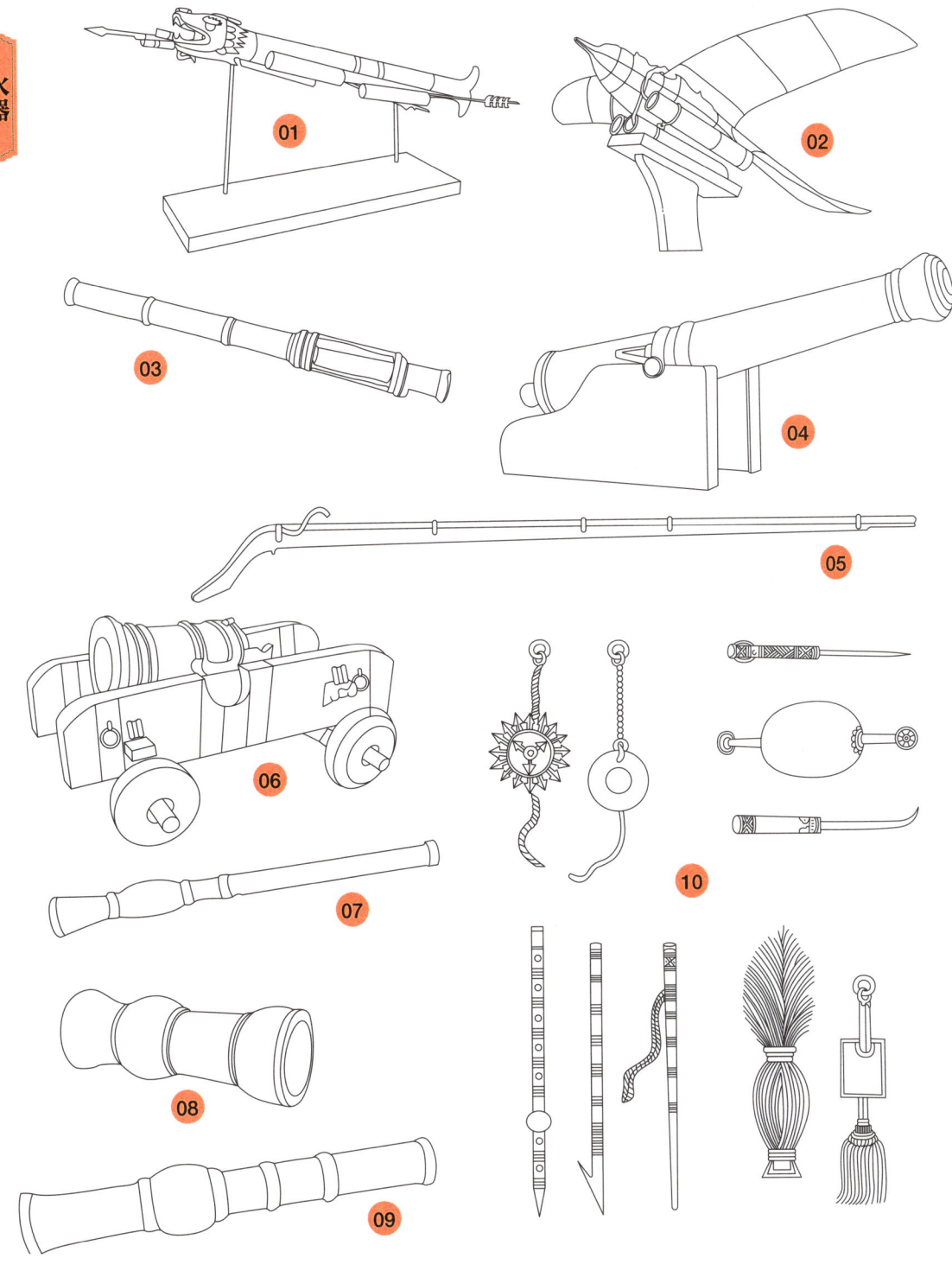

01 火龍出水：一種二級火箭
02 神火飛鴉：多火藥筒並聯火箭
03 明代嘉靖二十四年子母銅火銃
04 明代崇禎六年鐵火炮
05 清代鳥銃
06 清代威遠將軍炮
07 明代洪武十一年銅火銃
08 明代弘治十八年碗口銃
09 元代至正十一年銅火銃
10 《武經總要》中描繪的早期火器

繪者 © 李玥

古代典型甲冑

古代軍戎服飾可以分為常服和戰服兩大類，常服是軍人日常在軍營裡所穿的便服；戰服如甲冑，是戰場上的防護裝備，有時在重要典禮上也

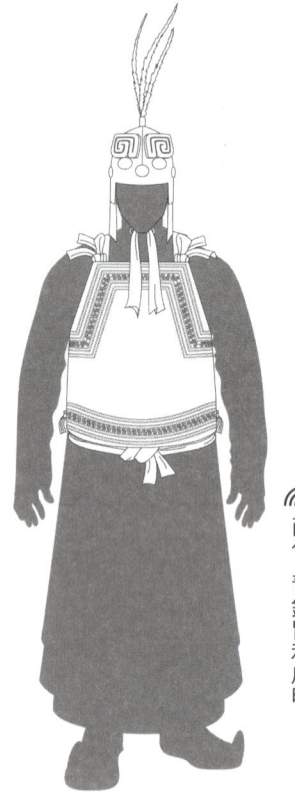

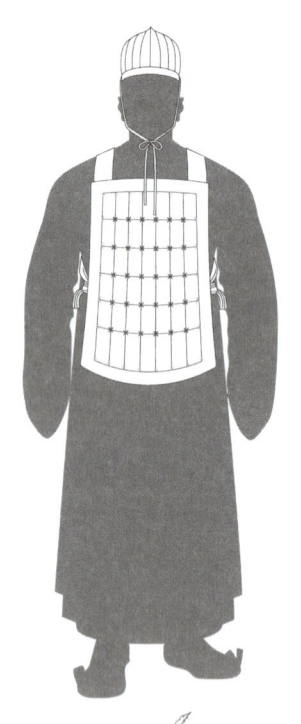

◎ 商代 青銅冑和皮甲

◎ 西周 韋弁和青銅甲

◎ 春秋戰國 髹漆皮甲和皮冑

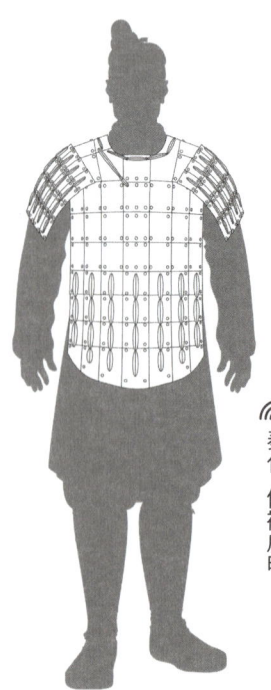

◎ 秦代 側襟皮甲

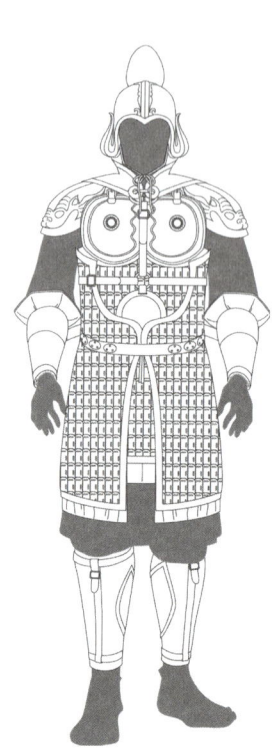

◎ 漢代 玄鐵冑、玄鐵甲

◎ 唐代 兜鍪和明光甲

會穿戴甲冑。軍戎服飾不僅具有實用功能，還成為千百年戰爭歷史中不斷演變的文化符號。下面列舉幾種歷代常見甲冑，樣式參考自陳大威《畫說中國歷代甲冑》（化學工業出版社，2017年）。

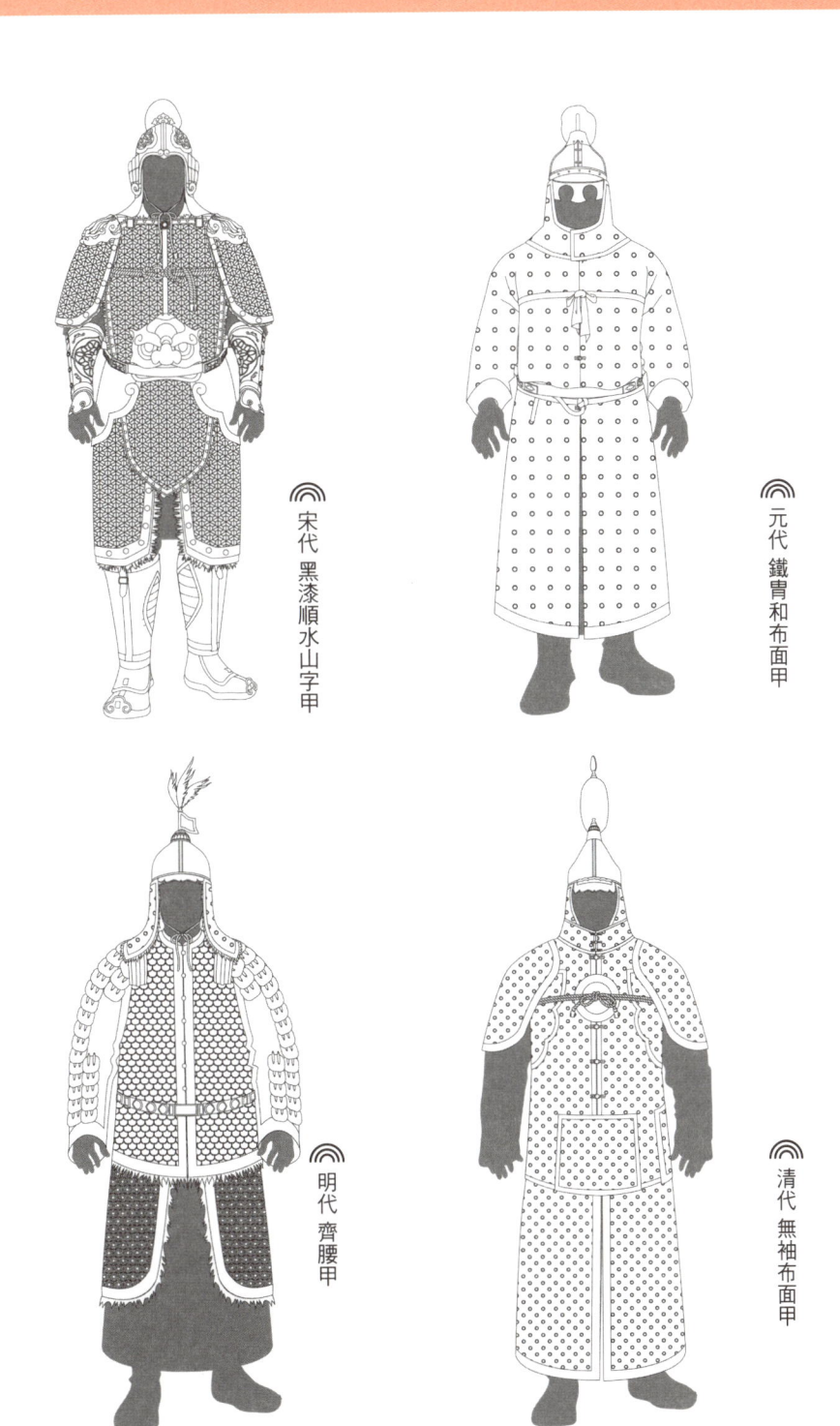

◎ 宋代 黑漆順水山字甲

◎ 元代 鐵冑和布面甲

◎ 明代 齊腰甲

◎ 清代 無袖布面甲

繪者©陳大威

參考文獻
[1] 孫武撰,曹操等注,楊丙安校理.十一家注孫子校理[M]. 北京: 中華書局,2012.
[2] 郭化若,孫子兵法譯注[M]. 上海: 上海古籍出版社,2012.
[3] 李零,兵以詐立: 我讀《孫子》[M]. 北京: 中華書局,2006.
[4] 張震澤,孫臏兵法校理: 新編諸子集成[M]. 北京: 中華書局,2014.
[5] 蘇靜,知中: 孫子兵法指南書[M]. 北京: 中信出版社.2016.
[6] 陳大威,畫說中國歷代甲胄[M]. 北京: 化學工業出版社.2017.
[7] 楊天宇,中華十大謀士[M]. 上海: 上海大學出版社.2008.